공부하는
엄마에게

공부하는 엄마에게

1판 1쇄 발행 2017년 6월 16일

지은이 송수진

펴낸이 원하나
디자인 정미영
출력·인쇄 금강인쇄(주)

펴낸 곳 하나의 책
출판등록 2013년 7월 31일 제251-2013-67호
주소 서울시 관악구 관악로15길 23-16, 209호
전화 070-7801-0317 **팩스** 02-6499-3873
홈페이지 www.theonebook.co.kr

ISBN 979-11-87600-04-6 03590

이 도서의 국립중앙도서관 출판예정도서목록(CIP)은 서지정보유통지원시스템 홈페이지(http://seoji.nl.go.
kr)와 국가자료공동목록시스템(http://www.nl.go.kr/kolisnet)에서 이용하실 수 있습니다.(CIP제어번호:
CIP2017012226)

오롯이 나를 위한
공부를 위해

공부하는
엄마에게

송수진 지음

하나의책

내가 세상에 태어나자 부모님은 '어둠 속에서도 밝게 빛나는 별'처럼 당당하게 살아가라며 '빼어날 수秀'에 '별 진辰'이라는 이름을 지어주셨다. 빼어나게 빛나는 별이라는 뜻이다. 이름값을 제대로 하며 살아보지도 못했는데 살다보니 나는 '애 엄마', '집사람'으로 불리고 있었다. 하지만 '애 엄마'나 '집사람' 이전에 나 또한 이름값을 하며 살아가고 싶은 한 인간이다. 돌이켜보면 나의 화두는 언제나 '나'였다. 한 번 사는 인생, 어떻게 하면 덜 후회하는 삶을 살 수 있을까? 결혼을 하고 아이를 낳고 엄마가 되었어도 내 이름 석 자를 잃지 않고 살아가고 싶었다.

'살아가는 것'의 또 다른 표현은 '삶'이다. 삶이란 '살아지는 것'이 아니라 '살아가는 것'이다. 하지만 현실은 그러지 못할 때가 많았다. 결혼과 출산, 육아 등의 경험은 내 의지로 살아가기보다는 남들을 따라 사는 것에 만족하도록 했다. 이렇게 살다가 지쳐서 조금만 방심하면 어느새 영혼 없는 일상을 보내게 된다. 특히 대한민국에서 엄마로 살다보면 자기 이름 석 자를 놓치기 십상이다.

먹고 사는 일이 점점 버거워지는 세상이라 그런지 엄마의 자아실현은 논하기 부끄러운 현실이다. '엄마의 자아실현? 머리만 아프고 돈도 안 되는 소리 집어 치워!' 특히 자아실현을 위한 공부는 배부른 소리로 공격받기 십상이다. 당돌할지 몰라도 이 글은 '돈도 안 되는' 엄마의 자아실현에 관한 것이다.

내 삶은 엄마가 되기 전과 후로 나뉜다. 엄마가 되기 전에는 이름 따위에는 그다지 관심이 없었다. 남들처럼 평범하게 결혼하고 아이 낳고 살기를 꿈꾸었다. 이름은 좀 묻히더라도 누군가의 그늘 밑에 들어가 안정된 삶을 누리고 싶었다. 그런데 엄마가 되고 나서는 무슨 반항심이 생겼는지 '애 엄마'로만 사는 것에 불만이 생겼다.

남편은 결혼을 하고 아이가 생겼어도 큰 변화가 없었다. 오히려 해가 갈수록 직장에서 인정받고 인간관계도 넓어졌다. 반면 나는 결혼을 하고 출산과 양육의 시기를 지나면서 세상과 자연스럽게 분리되었다. 이 와중에 다시 예전의 직장으로 돌아갈 수 있을까, 아니면 경력과 경험을 꿰맞추어 새로운 경력을 쌓아갈 수 있을까 등을 놓고 고민하게 되었다.

고민은 꼬리를 물면서 '무엇 때문에 살아야하는 것일까?', '어떻게 해야 인생을 후회 없이 살아갈 수 있을까.' 등 사춘기에도 해본 적이 없었던 고민들로 이어졌다. '어떻게 하면 나 자신을 잃지 않을까'를 고민 끝에 내린 결론은 '공부할래!'였다. 학창시절 진작 그 열정으로 공부했으면 서울대를 가고도 남았을 텐데, 인생 중 가장 공부하기 열악한 조건 속에서 뒤늦게 공부한다니, 인생은 정말 알다가도 모를 일이다.

누군가는 돈도 안 되는 일에 뭐 저리 힘들게 에너지를 쏟는지 고개를 갸우뚱거릴 수도 있다. 그러나 돈이란 있다가도 없을 수도, 없다가도 있을 수 있다. 돈만큼 불확실한 것은 없다. 그렇지만 나 자신에게 투자하는 것은 없어지지 않는다. 그렇게 차곡차곡 묵직한 영혼을 만들어 가고 싶었다. 이왕 한 번 사는 인생, 좋아하는 일을 잘하면서 살아가고 싶었다. 이제까지는 좋아하지 않는 일도 억지로 잘하도록 고군분투하는 인생이었다. 이제는 좋아하는 일에 시간과 노력을 투자하고 싶었다.

그래서 이 글은 '살아가는 것'에 초점이 맞춰져 있다. 그리고 어떻게 공부하는 엄마가 되었는지에 관한 이야기가 담겨 있다. 이와 함께 공부는 배부른 자들만을 위한 게 아니라, 배고픈 자들에게도 필요할 수 있음을 얘기하고 있다.

어려서부터 나는 역사와 소설에 관심이 많았다. 역사가 실제로 일어난 사실을 다룬 이야기라면 소설은 없는 내용을 가공한 이야기다. 역사와 소설은 전혀 다른 방식을 추구하지만 둘은 묘하게도 닮았다. 상상력이 빠진 역사는 메마른 사실의 나열이다. 역사적 내러티브가 부족한 소설은 탄탄함이 없다. 둘 다 이야기가 빠질 수 없다.

그 중 나는 옛 이야기를 좋아했다. 육아를 하면서도 짬짬이 도서관의 케케묵은 고전들을 찾아다녔다. 옛 사람들이 남겨놓은 문집을 읽을 때마다 오늘날과 별반 다르지 않은 삶의 흔적들을 발견할 수 있었다. 특히 굴곡 많은 삶을 의지로 버텨낸 자들에게 끌렸다. 율곡, 퇴계,

다산 등 매력적인 인물들은 하나같이 평생 공부하는 자들이었다. 자신이 추구하는 공부로 인해 어려움을 겪지만, 결국 그 공부로 자신을 드러낼 수 있었다. 인생이 술술 잘 풀린 사람들은 흔치 않았다. 옛 이야기들을 훑어보면서 내린 결론은 이렇다.

'삶이란 시행착오를 거듭해가면서 자기 삶을 만들어가는 과정이다. 덜 방황하고 더 채우기 위해서 무엇이든 공부가 필요하다. 지금 나도 시행착오를 겪으면서 내 삶을 만들어가고 있다. 그러니 우울해하지 말자. 잘살고 있는 거야.'

현재 나의 관심사는 '애 엄마'라고 무시받기도 하는, 아이 엄마가 어떻게 하면 경험, 경력, 자신의 잠재력 등을 다시 꺼내 삶의 만족도를 높이며 살아갈 수 있을까에 관한 것이다. 이는 자존감의 문제이다.

주위를 둘러보면 재능 있고 똑똑한 그녀들이 아이가 생긴 후 자기 이름을 잃고 살아가는 일이 흔하다. 이유는 다양하다. 일, 살림, 육아 중 하나라도 쉬운 일이 없기 때문이다. 이 글은 상황에 따라 일과 살림, 육아를 해내야 하는 워킹맘, 경단녀, 전업맘들이 위안과 용기를 가졌으면 하는 바람에서 썼다.

어느덧 내 아이도 내년이면 초등학교에 들어갈 만큼 훌쩍 컸다. 시간은 금방 지나갔다. 이제 겨우 육아의 고비를 한 단계 넘겼지만 아이는 무럭무럭 자라 독립할 것이다. 훗날 아이에게 "너를 키우느라 엄마는 젊은 시절을 바쳤단다."라는 말 대신 "네가 크는 동안 엄마도 같이 성장했단다."라는 말을 해주고 싶다. 육아와 살림을 하는 지난한 시간

동안 우울해 하지 않고, 현재를 의미 있고 소중하게 보내기 위해 내가 선택한 것은 공부였다. 크게 내세울 것 없는 평범한 엄마지만 공부를 통해 나만의 인생을 의미 있게 가꿀 수 있다는 것을 말해주고 싶었다.

이 책을 쓴 중요한 이유가 하나 더 있다. 조선의 유학자 율곡 이이(栗谷 李珥, 1536~1584)는 공부를 시작하는 이들을 위해 직접 교과서를 만들었다. 바로 『격몽요결擊蒙要訣』이다. 율곡이 『격몽요결』을 쓴 이유는 자신에게 공부를 배우러 온 이들에게 도움이 될 만한 책을 제공하기 위해서였다. 그런데 더 중요한 이유는 나태해진 자신을 되돌아보고 다시 한 번 마음을 다잡기 위해서였다. 율곡 또한 평정심을 유지하기 어려웠나보다.

하물며 나는 어떤가. 갈대 같은 마음을 가져서인지 나 또한 이리저리 솔깃하고, 하루에도 몇 번씩 마음이 흔들릴 때가 많았다. 작은 것에 일희일비하지 않고 담담히, 그러나 치열하게 인생을 걸어가고 싶었다. 이것이 내게 공부가 절실한 이유였다.

내게 공부는 육아와 살림을 인생의 장애물로 여기고 나만의 세계로 도피하기 위한 은신처가 아니었다. 공부만 하겠다고 엄마 노릇을 소홀히 했다면 더 근사한 경력을 쌓았을지도 모른다. 그렇지만 불행했을 것이다. 삶이 불행해지는 공부는 내가 원하는 것이 아니었다.

공부는 오히려 현재의 상황과 처지를 고려한 일종의 '작은 성취'에 가깝다. 작은 성취를 이루겠다고 공부를 하면서 피곤하게 산다는 게 누군가에게는 받아들이기 어려운 모습일 수도 있다. 그런데 오히려 공부를 하는 동안에는 육아와 살림에서 오는 스트레스는 별것 아니라는 생각이 들었다.

그렇게 작은 성취가 쌓이다보니 그에 따른 자격과 경력이 생겼다. 경력은 상황에 맞는 소소한 일을 가져다주었다. 좋은 사람들을 더 많이 만나고, 좋아하는 일을 더 많이 할 수 있는 삶에 가까워졌다. 공부하기에 좋은 상황은 아니지만, 조금씩 내 길을 스스로 만들어가는 모습에 뿌듯했다. 오늘도 나는 살림과 육아, 공부 셋 사이에서 균형을 유지하는 법을 배우고 있다. 엄마도 꿈을 꿀 수 있지 않은가.

공부하는 나를 보면서 때로는 말없이, 때로는 적극적으로 나의 꿈을 지지해준 순형아빠에게 고마움을 전하고 싶다. 어디로 튈지 모르는 아내를 이해해주었던 순형아빠, 류영욱씨가 있었기에 이 책을 낼 수 있었다. 가족의 행복을 자신의 기쁨으로 여기는 소박한 남자 류영욱씨는 내게 인생의 행복이 멀리 있지 않음을 일깨워주었다.

늘 작가의 이야기를 존중해주고 긍정적인 기운을 불어넣어주는 하나의 책 출판사 원하나 대표에게도 감사하다. 어려운 상황에서도 순수함과 열정을 잃지 않는 그녀의 모습에서 나 또한 용기를 얻었다.

그리고 나의 아들 순형아, 사랑해.

차례

1장

공부하는
엄마가
되어야
하는
이유

공부하는 엄마가
되어야 하는 이유

옛날 옛날에 한 나무꾼 총각이 홀어머니를 모시고 살고 있었다. 하루는 나무꾼이 산에서 나무를 베고 있었다. 그때 사냥꾼에게 쫓기던 사슴 한 마리가 나무꾼에게 달려와 도움을 요청했다. 착한 나무꾼은 사슴의 부탁을 거절할 수 없어 사냥꾼으로부터 사슴을 구해 주었다.

사슴은 은혜를 갚고 싶어서 선녀들이 내려와 목욕을 하는 연못을 알려 주었다. "선녀들이 목욕하는 동안 그 중 한 선녀의 날개옷을 숨겨 놓으세요!" 날개옷이 없으면 하늘로 돌아갈 수 없는 선녀를 집으로 데려가 아내로 삼으라는 이야기였다. "단, 선녀가 아이 셋을 낳기 전까지는 절대로 날개옷을 보여주면 안 돼요!" 사슴이 알려 준 대로 나무꾼은 날개옷 하나를 숨겼다. 목욕을 마친 선녀들은 날이 어두워지자 집으로 돌아갔다. 하지만 날개옷을 잃어버린 선녀만은 돌아갈 수 없었다. 나무꾼은 우는 선녀를 달래 집으로 데려와 아내로 삼았다. 그리고 아이 둘을 낳고 잘 살았다.

하지만 아내는 날개옷을 늘 그리워했다. 아내는 이제 아이가 둘이나 생겼으니 제발 날개옷을 보여 달라고 했다. 하는 수 없이 나무꾼은 날개옷을 꺼내 와서 선녀에게 건네주었다. 아내는 매우 기뻐하며 날개옷을 입었다. 그리고 순식간에 두 아이를 안고 훨훨 날아 하늘로 올라가 버렸다.

『선녀와 나무꾼』 이야기는 한국인이라면 모르는 사람이 없을 정도로 국민 동화다. 그런데 선녀와 나무꾼 이야기의 교훈은 도대체 무엇일까?

이 이야기 속에는 평범한 가장을 꿈꾸던 나무꾼의 비화(?)가 담겨 있다. 처자식과 이별하고 수탉이 된 나무꾼의 결말은 충격적이었다. 어렸을 때 나는 항상 나무꾼 입장에서 이야기를 듣곤 했다.

'불쌍한 나무꾼. 나무꾼이 무슨 죄야. 선녀는 왜 쓸데없이 날개옷을 찾아가지고 가정불화를 일으킨 것일까? 나무꾼은 그저 마누라 얻고 토끼 같은 자식 낳아 알콩달콩 행복하게 살고 싶었을 뿐일 텐데.'

나무꾼의 소박한 꿈을 깨뜨린 선녀가 야속하기만 했다. 내가 나서 선녀의 날개옷을 다시 숨겨 놓고 싶었다. 왜? 선녀의 인생은 의심할 여지도 없이 나무꾼의 것이니까.

그런데 결혼하고 아이를 낳은 후 이 책을 읽었을 때는 전혀 다르게 와 닿았다. 그간 사각지대였던 선녀의 시선에서 이야기를 바라보게 되었다. 순진한 사람으로 생각한 나무꾼이야말로 참으로 뻔

뻔했다. 어찌 보면 사슴이 제일 나빴다. 선녀에게 묻지도 않고 마음대로 선녀의 운명을 바꿔 놓은 것이다.

선녀의 인생은 선녀의 것, 그 누구의 것도 아니다. 나무꾼과 사슴의 합동 계략에 순진한 선녀가 속아 넘어간 것이다. 물론 선녀도 나무꾼과 아이를 낳고 키우면서 '순간순간' 행복했을 것이다. 가정적이고 성실한 남편, 착하고 귀여운 아이들이 있었다. 나무꾼이 바람을 피운 것도 아니고, 가장으로서 책임을 소홀히 한 것도 아니니, 선녀가 불행할 이유가 없었다. 그러니 엄마로서 아내로서 선녀도 성실했을 것이다.

그러나 아이를 둘이나 낳았어도, 처자식 위하는 남편을 두었어도 선녀의 마음 한구석은 찜찜하고 답답했다. 겉으로 보기엔 날개옷을 새까맣게 잊은 줄 알았지만 그게 아니었다. 남편과 아이를 보면 미소가 지어졌지만, 한편으로는 날개옷에 대한 그리움도 커져 갔다. 아이와 남편이 곁에 있어도 날개옷을 포기할 수 없었다. 날개옷에 대한 미련이 있는 한, 선녀의 삶은 온전히 행복하다고 할 수 없었다. 결국 그녀의 간절함에 나무꾼은 날개옷을 돌려주었다.

여전히 이렇게 말씀하는 어른들이 있다. "여자는 남편이 돈 잘 벌어다 주고, 가정적이고, 아이들 잘 자라면 더 바랄 것도 없지." 정말 그럴까? 어쩌면 그런 생각을 주입하는 것은 아닐까? 남편이 돈을 잘 벌어다 주고 아이들이 속 썩이지 않는다면 행복하기만 할까?

매일 반복되는 소소한 일상에서도 가끔씩 허전함을 느낀다. 우습게도 남편이 어딘가에 날개옷을 숨겨놓지 않았을까 의심해 보기도 한다. 그러나 이야기는 이야기일 뿐이다. 남편이 날개옷을 숨겨서 결혼한 것도 아니다. 그러니 없는 날개옷을 갖다 줄 이유가 없다.

아이와 『선녀와 나무꾼』을 읽는데 이상하게도 그 어느 때보다 선녀에게 감정이입이 된 적이 있다. '선녀에게 숨긴 날개옷을 돌려줘!' 날개옷은 누구의 아내, 누구의 엄마가 아닌 한 인간으로서의 정체성을 상징하는 게 아닐까? 선녀에게 날개옷이란 그간 가정을 위해 희생하느라 잊고 있었던 정체성을 상징한다고 볼 수 있다. 날개옷을 되찾는 일은 엄마 이전에 한 인간으로서 소망했던 꿈을 되찾는 일일 것이다.

그렇다면 사슴은 왜 아이를 셋이나 낳을 때까지 날개옷을 돌려주면 안 된다고 했을까? 여자는 육아의 세계에 들어서면서부터 결혼은 철저한 현실임을 깨닫게 된다. 아이 셋을 키운다면 막내가 초등학생이 되기까지 최소 10년, 어쩌면 그보다 더 오랜 시간을 육아에 집중해야 한다. 아이 셋이 동시다발적으로 '엄마'를 소환하니, 엄마 자신은 꿈도 꿀 수 없다. 사슴이 아이 셋이라는 조건을 제시한 까닭은 그 정도 육아 강도라면 날개옷이 추억 속으로 사라질 가능성이 많기 때문일 것이다.

아이 셋을 둔 이웃에 사는 한 엄마가 머리를 삭발하다시피 짧게 자른 적이 있었다. 그녀는 머리 만질 여유가 없어서 미용실을 다녀왔다며 쓸쓸한 표정을 지었다. 아이 셋을 키우는 것은 작은 회사 하나를 꾸려가는 일에 버금갈 정도로 힘든 일이다. 그러니 사슴은 여자가 아이 셋을 낳으면 더 이상 자신에 대한 꿈을 꾸지 않으리라 생각했을 것이다.

사실 전쟁 같은 육아의 일상 속에서 한가롭게 꿈을 찾기는 현실적으로 어렵다. 아니, 거의 불가능하다. 아이들의 아침 기상과 함께 하루는 눈 깜짝할 사이에 지나간다. 아이들 입에 뭐라도 넣어주려면 엄마도 부지런히 생계를 꾸려가야 한다. 살림을 아끼고 짬짬이 돈을 버느라 날개옷은 아예 생각조차 할 수 없을 것이다.

게다가 날개옷을 생각할수록 남편과 아이에게 죄책감을 갖게 된다. 그러니 잊고 사는 게 순리라고 생각한다. '이 와중에 날개옷이라니, 내가 철이 없나 봐.' 그러나 날개옷을 되찾는 일은 남이 해주는 게 아니라 나의 몫이다. 가만히 앉아 있으면 꽁꽁 숨겨진 날개옷이 절대 나타나지 않는다. 스스로 찾아 나서야 한다.

선녀는 매일 매일 날개옷을 절실하게 그리워했기에 날개옷을 다시 입을 수 있었다. 육아와 살림을 하면서도 자신의 정체성을 잃지 않으려는 절박함이 있다면, 날개옷을 찾을 준비가 절반은 끝났다. 그러나 대부분의 엄마는 남편과 아이의 존재감을 늘림으로써 날개옷에 대한 미련을 버린다. 나의 분신 같은 존재인 아이와 남편의 성공을 나의 성공으로 여긴다. 틀린 말은 아닐 것이다. 이상적인 가족은 한 배를 탄 공동체에 비유될 수 있다. 그러니 가족들의 성공은 엄마에게도 기쁨이자 보람이 될 수 있다.

이때의 성공은 대개 엄마의 헌신적인 내조가 있었기에 가능하다. 밖에 나가 마음 놓고 자아실현을 할 수 있으려면 엄마라는 역할을 누군가 해 주어야 한다. 그러니 엄마들은 어쩔 수 없더라도 보조자 역할을 당연히 해야 한다고 여긴다. 그런데 마음 한 구석에서는 쓸쓸함이 솟구친다. '결혼 전에는 내가 잘나갔었는데, 이제는 마트 가서 내 옷 하나도 쉽게 못 사는 신세라니.' 그리고 날개옷은 진작 사라졌다고 체념한다. 그러니 절박함이란 게 있을 수 없다.

어쩌면 여자가 다시 날개옷을 찾게 되면 모두가 불행해진다는 선입견을 가지고 있을지도 모른다. 날개옷을 찾은 선녀로 인해 나무꾼의 가정은 산산조각이 났다. 그렇다면 선녀와 나무꾼의 교훈은 '결혼한 여자가 날개옷을 찾으려 하면 집안이 풍비박산된다.'는 것이다. '거봐. 암탉이 울면 집안이 망한다니까.'

남자가 자신의 꿈을 포기하고 살아가면 비난받기 쉽다. '남자라면 야망을 가져야지!' 남자는 가정을 이루었어도 개인적 성공과 결혼 생활을 조화롭게 유지할 권리가 있어 보인다. 개인적 성공이 좀 더 비중을 많이 차지해도 남자는 그럴 수도 있다며 넘어가는 분위기다.

반면 여자가 자신의 꿈을 키워간다면? 각종 불안과 공포로 마음을 흔들어 놓는 분위기다. 하지만 엄마가 자신을 되찾는 것이 가정을 힘들게 할 것이라는 생각을 버려야 한다. 엄마가 자신을 찾으면서 자신감과 당당함을 얻는다면, 엄마가 행복해져 가정 또한 행복해지는 것이다.

물론 엄마가 자신의 꿈을 실현하려면 그만큼 부지런해져야 한다. 게다가 남편과 식구들의 지지는커녕 반대나 무관심이 더 많이 작용하는 게 현실이다. 혹시 엄마가 역할을 제대로 하지 않을까 봐 두려운 것이다. 그렇다면 절대 다수의 행복을 위해 한 사람의 희생과 상처를 묵과해도 될까? 조금은 피곤하고 귀찮겠지만 모두가 조금씩 양보해 어느 누구도 상처받지 않는 게 낫지 않을까?

만약 나무꾼이 선녀에게 그간의 정황을 사실대로 말하고 옷을 돌려주었다고 상상해 보자. 선녀가 화를 내며 뒤도 안 돌아보고 나무꾼을 떠났을까? 아니다. 오히려 선녀는 가출하지 않았을 것이다. 나무꾼과 상의해서 날개옷에 대한 갈망과 엄마로서의 삶을 잘 타협했을 것이다. 나무꾼은 그저 상황을 회피하거나 묵인하려고만 했다. 선녀가 입었을 마음의 상처는 보지 못한 것이다.

나무꾼이 선녀의 날개옷을 숨긴 이유는 분명하다. 나무꾼에게는 시부모와 자신을 돌봐주고, 아이를 낳고 길러주는, 그야말로 일꾼이 필요한 것이었다. 그러나 선녀에게는 휴일 없이 식구를 위해 봉사하고 아이를 낳고 육아를 책임지는 삶이 펼쳐졌다. 곧이곧대로 사실을 말한다면 어느 여자가 나무꾼의 집에 시집가려 했을까.

노동력이 부족했던 과거 전통 사회에서 결혼은 안정적으로 여자의 노동력을 제공해 주는 제도였다. 남편은 자신을 먹여 살려주니 힘든 가사 노동은 당연하게 여겼다. 여자는 남편이 주는 생활비로 알뜰하게 살림하는 자였다. 그러나 지금은 아니다. 결혼은 누군가의 희생만으로 이루어져서는 안 된다. 하지만 시대의 제사를 준비하는 일, 명절 음식을 장만하는 일, 시댁에서 김장하는 일 등 여자의 노동력이 절대적으로 필요한 각종 행사가 여전하고, 이에 대한 불만도 만만치 않다.

'왜 명절은 남편 일가를 위한 행사로 그치는 것일까?', '남편은 친정 제사에 관심도 없는데 왜 아내는 얼굴도 모르는 이들을 위해 당연히 일해야 하는가?' '남편은 친정 부모님 생신상도 차려본 적 없는데(심지어 생신 날짜도 기억 못하는데), 왜 여자만 시부모님 생신상을 당연히 차려 드려야 하는 것인가.' 당연하다 여겨온 것들에 대해 비판적으로 바라볼 만큼 삶의 모습이 달라지고 있다.

결혼 생활은 동등한 남녀가 만나 서로의 자아실현을 도와주며 함께 행복한 가정을 꾸려 나가는 과정이다. 결혼 전에는 동등했는데 단지 결혼했다는 이유로 권력의 위계질서가 생기는 일만큼 불합리한 것은 없다. 왜 남자가 하는 일은 중요하고 힘든 반면, 여자가 하는 일은 하찮고 쉽다는 평가를 받아야 하는 것일까?

여자들이 산후 우울증, 육아 우울증 등으로 힘들어하는 현실을 생각해 보자. 결혼 후 한 사람은 직장에서 지위가 높아지고, 월급이 많아지며, 사회적 위치가 높아지는데 비해, 한 사람은 경력이 단절되고 월급 없는 '그림자 봉사'를 하며 우울해지면 안 된다.

주위를 보면 남편만 바라보며 육아와 살림을 하다가 우울증에 걸리는 엄마들을 쉽게 찾아볼 수 있다. 남편이 밖에서 잘나가니 좋으면서도 한편으로는 마냥 좋지만도 않다. 늘어난 살에 짜증이 나고, 우울감에 시달리며, 아끼느라 제대로 꾸미지 못하는 아내들이 많다. 그렇다고 평생 이렇게 살아야 하나 좌절하고 남편 탓만 할 것인가? 한 번 지나간 시간은 되돌아오지 않는다. 남편 탓을 한다고 해서 현실이 달라지지 않는다. 짜증과 불만은 내게 부메랑이 되어 돌아와 나를 갉아버릴 뿐이다.

냉정히 말하면 '늘어난 살, 짜증과 우울'로 가득한 불만족스런 삶은 엄마 '스스로'가 선택한 것이다. '주위 사람들이 나를 이렇게 만들었지 내 탓이 아니야'라고 답한다면 자기 합리화를 위한 변명에 가깝다.

자기 삶의 의미를 채우지 못하는 이들은 주위에 대한 비판과 불평으로 이를 대신 채운다. 긍정적인 삶의 에너지를 만들어가기보다, 부정적인 기운에서 헤어나오려 하지 않는다. 그러나 불평을 내뱉는 순간 공감과 위안을 잠시나마 받을지는 몰라도 근본적인 문제는 해결되지 않는다. 남을 비판하고 불평하는 강도가 더 셀수록 본인을 더욱 침체시킨다는 사실을 받아들이려고 하지 않는다.

지금 이 생활에서 벗어나고 싶다면 행동으로 옮겨야 한다. '아이가 다 크면 좀 나아지겠지'라는 생각으로 먼 미래의 상황을 기다리는 일만큼 어리석은 것은 없다. 아이가 다 큰다는 게 언제일까? 구십 노인이 칠십 자식의 삶을 걱정하듯, 자녀에 대한 걱정과 책임은 끝이 없다. 스스로 변하고 노력하지 않는다면 아이가 커도 상황이 크게 달라지지 않을 것이다. 지금 내 모습이 중요하지 오지도 않은 미래에 헛물켜서는 안 된다.

그렇다면 어떻게 해야 날개옷을 찾을 수 있을까? '공부'로 가능하다. 공부란 거창한 게 아니다. 나만의 쉼터를 찾거나 재충전을 위해 노력하는 것은 모두 공부라 할 수 있다. 아내이자 엄마로서의 삶이 아닌, 자신의 이름을 걸고 사는 삶을 찾는 일은 공부에서 시작한다.

공부가 아니면 죽을지도 모른다는 각오로 독하게 나를 위해 공부해야 한다. 결혼을 했다고 아이를 위해, 남편을 위해 자신의 인생을 희생해서는 안 된다. 남편은 같은 삶을 걸어가는 동반자이지 나를 대신하는 존재가 아니다. 아이 또한 마찬가지이다. 이들을 위해 애쓰는 삶에 스트레스를 받지만, 정작 이들에게 의존하며 안주하는 것은 아닌지 되돌아봐야 한다.

절박함에서 시작한
나의 공부

인생의 의미를 찾기 원하는 아이 엄마일수록 절박함이 필요하다. '절박함'은 공부를 해야 하는 이유이자 방법에 해당한다. 절박함을 찾을 수 없다면 엄마가 공부를 시작할 수도, 계속할 수도 없다. 육아와 살림 가운데 짬짬이 공부를 하는 내게 주위 사람들이 가끔 하는 질문이 있다.

"그런데 공부하는 거 힘들지 않아요?"

그럴 때마다 나의 대답은 똑같다.

"힘들죠. 그래도 공부를 안했으면 우울증에 미쳐 버렸을지도 몰라요."

누군가가 내게 "집이 좀 사나 봐요. 도우미 쓰면서 공부하는 거죠?"라고 말해서 당황한 적이 있다. 도우미에게 살림을 맡기고 돈 걱정 없이 공부하는 것처럼 보였나 보다. 그러나 현실은 달랐다. 시간을 아끼기 위해 도우미를 써 보고 싶었지만 대출금을 떠올리면 꿈도 꿀 수 없었다. 입이 짧은 식구들의 음식을 대충 할 수도 없었다. 알레르기성 비염으로 고생하는 아이를 생각하면 물걸레로 날마다 대청소를 해야 했다.

엄마가 해 주는 밥 먹고 공부해도 힘들 판에 엄마 노릇까지 하면서 살아야 하니 힘들었다. 그러나 이런 육체적 고단함은 참을 만했다. 오히려 정신적 스트레스가 힘들었다. 내가 아이를 낳고·본격적으로 공부를 하게 된 것은 절박한 심정 때문이다. 학생 때는 출근할 직장을 꿈꿨지만, 막상 직장에 다닐 때에는 어딘가에 소속되는 것이 싫었다. 출근할 곳이 있어 감사했지만, 직장 탈출을 꿈꾸는 이율배반적인 직장인이었다.

일 자체가 나를 힘들게 하지는 않았지만 관계에서 오는 스트레스가 만만치 않았다. 그래서 큰소리치며 일을 그만두었지만, 막상 전업주부가 되고 나자 상황이 달라졌다. 어딘가에 소속되지 못한다는 사실에 의기소침해졌다. 갈대보다도 못한 마음이었다.

그 후 4대 보험이 보장된 직장은 꿈도 꾸지 않았다. 단지 작은 성취감을 느끼고 싶었다. 가정은 내 손이 필요한 곳이지만 내가 가진 잠재력을 발휘할 수 있는 곳이라는 생각이 들지 않았다. 잡지에 나오는 살림의 여왕은 내가 될 수도 없었고 바라는 것도 아니었다.

부모님이 그간 나의 공부를 뒷바라지해 준 까닭은 무엇이었을까? 여자라고 못 한다는 생각은 버리고, 여자라도 자아실현을 하면서 살아갔으면 하는 희망이 있었기 때문이었다. 그렇다면 그렇게 공부한 것을 써먹을 수 있는 삶을 살아가고 싶었다.

한편 육아와 살림을 하는 동안 나는 몸을 방치하면서 병을 만들었다. 다시 일을 구하려고 했을 때는 지병으로 일을 할 수 없었다. 의사는 내게 가급적 먼지 없는 곳에서 물을 자주 마시며 편히 지내야 한다고 했다. 한마디로 집에 있으라는 말이었다. 의사 말을 흘려듣고, 일을 몇 번 하고, 크게 병원 신세를 지고 나서야 현실이 파악됐다. 평소에는 괜찮다가도 한 번씩 항생제를 한 달 이상 먹게 되면 급속도로 우울해졌다. '사는 게 사는 것 같지 않구나.'

게다가 어린 아들도 면역력이 약해 자주 아팠다. 엄마 손이 많이 갔다. 그러니 집 밖을 잠시만 나와 있어도 마음이 불안했다. 얼른 집에 들어가야 할 것 같았다. 보이지 않는 끈에 묶여 있는 기분이 들었다. 겉보기에 멀쩡한 정신과 육체인데도 마음대로 할 수 있는 게 없는 기분이었다. 세상은 바쁘게 돌아가는데 나의 시계는 느릿느릿 기어갔다.

그사이 나는 엄마로서는 강인해졌을지 몰라도 흐물흐물, 온실 안 화초 같은 존재가 되어 갔다. 누구 엄마, 누구 아내로 불리는 게 점점 익숙해지면서 정신적으로 크게 우울했다. 물론 남편이 직장생활 잘하고, 아이의 사랑스러운 모습을 옆에서 직접 마주할 수 있으니 더할 나위 없이 좋았다. 그런데도 이유도 없이 우울했다. 내가 우울하게 지내자 집안 분위기는 안 좋아졌다. 남편도 아이도 예민해졌다.

이렇게 계속 마음을 방치할 수는 없었다. 다른 사람에게 상황을 얘기하면 일시적으로 기분이 풀렸지만 근본적으로 문제가 해결되지 않았다. 이런 내가 갑갑해보였는지 엄마는 한마디 하셨다.

"수진아, 다른 사람에게 힘들다고 하소연하지 마라. 다들 바쁘고 힘들어. 사람들은 네 얘기를 들어줄 여유가 없어. 네가 바쁘게 지내면 힘든 줄도 모를 거야."

엄마의 말씀은 따끔했다. 힘들다고, 눈물을 흘린다고 달라지는 게 없음을 나 또한 경험으로 아는 사실이었다. 그럼에도 자꾸 하소연하는 이유는 그만큼 마음이 약해졌다는 증거일 것이다. 변화가 필요했다. 재활 치료에 들어가듯 스스로 몸과 마음을 챙기기 시작했다. 마음을 바꿔 먹자 비실대던 몸에 힘이 생겼다. 관심을 새로운 곳에 쏟으면 기분 전환이 될 것 같았다.

먼저 주위를 둘러보니 커피숍 알바 같은 파트타임 일자리들이 있었다. 그런 일은 쉽게 시작할 수 있지만 늙어서까지 안정적으로 할 수 없을 것 같았다. 지금 당장 돈은 못 벌더라도 노년까지 오래 할 수 있는 일을 하고 싶었다.

계속 성장할 수 있고 은퇴의 불안에서 자유로운 일을 하고 싶었다. 아이가 아직 어린데 남들처럼 똑같이 회사를 다닐 수도 없었다. 그렇게 힘들게 회사에 들어가서 눈치 보며 지내고 싶지 않았다. 또 회사가 '나가'라고 하면 두려움에 질린 채 짐을 싸야 하는 상황을 맞고 싶지 않았다. 그러려면 좀 더 장기적인 안목이 필요했다.

지금 당장 무슨 일을 하겠다는 마음은 내려놓아야 했다. 외롭지만 혼자 무언가를 준비하다 보면 조금씩 경력이 쌓이면서 일도 따라올 거라는 확신을 갖기로 했다. 그렇다면 뭐를 준비해야 할까?

집에만 있다 보니 자극을 받을 기회가 적었다. 게다가 늘 집에 매여 있다 보니 사람들을 만날 기회도 많지 않았다. 다른 분야의 사람들을 만나면 새로운 자극도 받겠지만 누군가를 만나 이야기를 나눌 기회가 흔치 않았다.

'도대체 다른 사람들은 무슨 생각을 하며 살고 있을까? 사람들은 어떻게 살아가는 것일까?'

궁금증을 해결할 수 있는 방법은 간접 체험밖에 없었다. 태어나 처음으로 자기 계발서, 자서전 류의 책을 닥치는 대로 읽게 되었다. 처음에는 할 수 있는 게 책을 읽는 것 밖에 없어서 시작했지만, 읽다보니 몇 가지를 확인할 수 있었다.

이제 막 아이를 낳고 키우는 아이 엄마가 할 수 있는 일은 거의 없다는 것. 발버둥 치며 뭔가를 하고 싶지만 여건은 그러지 못하다는 것. 나만 그런 게 아니었다. 누군가의 도움을 받을 수 있는 상황이 아니라면, 이런 상황을 받아들이는 게 현명했다. 아이를 두고 뭔가를 한다는 것은 쉽지 않다는 것을 확인했고 그것은 나만 그런 게 아니었다. 아이를 원해서 낳았으니 이렇게 된 삶을 책임지는 게 중요하지, 힘들다고 불평할 이유가 없었다. 육아의 시간을 힘들게 보낼 것인지, 즐기면서 보낼 것인지는 내 마음에 달려 있는 것이다.

이와 함께 아이 엄마는 초인적인 의지를 발휘할 수도 있는 자리는 것을 확인했다. 엄마는 임신과 출산을 거치면서 극한 상황에 대한 인내심을 나름대로 터득한다. 자신의 피와 살로 이루어진 핏덩

어리를 보호하고 안전하게 세상 밖으로 나오게 하기까지 불편과 고통을 기꺼이 감수하는 마음가짐까지 생긴다.

이제껏 가지지 못한 인내심과 단련을 통해 나도 모르는 힘을 뿜게 된다. '아가씨는 힘들수록 소심해지지만, 아줌마는 힘들수록 강해진다.'는 말은 저질 체력을 가졌지만 자식을 생각하면 무한 긍정 에너지를 내뿜는 엄마에게 꼭 맞는 말이다. 과거의 내 모습이 어땠는가는 중요하지 않다. 아가씨 때의 나는 창피하게도 여섯 살짜리 조카를 한 시간 봐주다가 바로 쓰러진 적이 있을 만큼 체력이 약했다. 직장인일 때는 퇴근 후 집에 오면 체력이 소진돼 아무것도 못하고 저녁만 먹고 잠이 들었다.

그런 내가 육아와 살림과 공부를 하면서 살아가는 것을 보면 신기할 정도이다. 갑자기 체력이 좋아진 것일까? 그렇지는 않을 것이다. '아이 엄마'인 내가 체력은 부족하지만 출산과 육아를 통해 인내심은 정점에 이르렀다. 이 정도의 인내심이라면 무엇이든 도전할 준비가 되어 있는 것이다. 육아라는 마라톤을 뛰어 본 경험이면 충분하다. 그 인내심, 가끔 나도 모르게 나오는 초인적인 에너지를 그냥 썩히기엔 아깝지 않은가. 그렇다면 이제 인내심을 쏟을 목표와 방향을 찾아야 한다. 그런데 어떻게 해야 할까?

내 경우 아이가 자라는 동안 할 수 있는 것은 책을 읽고 공부하는 것밖에 없어 보였다. 하나씩 책을 읽고 공부를 하면서 엄마와 아내가 아닌, 나 자신으로 살고 싶다는 욕망이 생겼다. 이왕 공부를 한다면 자격증을 딴다든지, 시험을 준비한다든지, 학위를 받고 싶었다. 만약 성과가 없다면 중간에 금방 포기할 것 같았기 때문이다. 목표가 생기니 공부를 더 치열하게 할 수 있었다.

첫 번째 도전으로 한국사 자격증 시험을 택했다. 한국사 자격증이 생긴다고 밥이 나오는 것은 아니었다. 그러나 자격증 시험 준비를 하니 나태해진 일상에 긴장감이 생겼다. 방해를 받지 않는 새벽마다 30분씩 주제 하나를 공부해 갔다. 그렇게 두 달 정도 공부한 결과, 합격할 수 있었다. 비록 암기력은 떨어졌지만 통찰력이 늘어났다는 자신감을 갖게 해 주었다.

주위를 둘러보면 몸이 약한 엄마들을 쉽게 볼 수 있다. 특히 육아와 살림에 발을 디디는 순간부터 엄마는 감기조차 제때 치료받지 못하는 경우가 흔하다. 집안일과 육아는 사실 육체노동이다. 누군가 도와주지 않는다면 금세 몸이 바닥이 난다. 아이 양육으로 하던 일을 그만두는 경우도 많지만, 몸이 나빠져 일을 더 이상 할 수 없는 경우도 많다.

어쩌면 아이 엄마는 세상에서 가장 절박한 처지일지도 모른다. 빠져나갈 출구가 없을 때 보통 '절박하다'라고 말한다. 아이 엄마는 빠져나갈 출구가 없다. 아침부터 밤까지, 평일과 주말 모두 생활에 경계가 없기에 엄마는 답답하다. 가랑비에 옷 젖듯, 육아와 살림으로 인한 스트레스에 몸과 마음이 조금씩 우울해진다.

그러나 시간은 지나간다. 금방 아이들은 큰다. 한번 막힌 출구는 끝내 닫힐 것이다. 그러니 생각을 달리해 보자. 몸이 아프든 괜찮든 상관없다. 아이 엄마의 상황은 어쩌면 공부를 하기에 최적의 조건이다. 아이나 남편이 나의 삶을 되찾아 줄 것이라는 기대는 하지 말자.

삶의 의미 찾기

　재수시절 나는 꿈이 없었다. 적성과 상관없이 약간의 반항과 호기로 선택한 미대 입시에서 떨어지고 나자 목표를 상실했다. 친구들은 대학에 입학해 새내기 생활을 즐기느라 다들 바빴다. 나는 그저 근처 대학 도서관에서 무료하게 시간을 때웠다.

　하루는 무척 길게 느껴졌지만 금방 여름이 지나 가을이 됐다. 물질적으로 풍족하진 않았지만 부모님은 감사하게도 버스비와 점심값을 포함한 약간의 용돈을 주셨다. 몸이 고되게 뭔가를 하는 것도 아니니 육체적으로는 힘들 게 없는 생활이었다. 하지만 생산적이지 못한 백수의 삶이었다. 돌이켜 보면 인생에서 힘든 시절 중의 하나로 꼽힐 만큼, 이 시기는 정신적으로 힘들었다.

　'남들은 왜 저리 바쁘게 움직이는 걸까? 그에 비해 나는 왜 이리 아무 생각이 없는 것일까?' 왜 살아야 하는지, 왜 공부해야 하는지 스스로를 전혀 납득시키지 못했기에 가장 꽃다운 젊은 시절을 우울하게 지낼 수밖에 없었다. 지나고 나서 생각해 보면 참으로 철이 없었다.

그 후 억지로 성적에 맞춰 대학에 들어갔고 시큰둥한 대학 생활을 하며 왜 공부해야 하는지 목적을 찾지 못했다. 그러다 그리스에서 막 학위를 받고 강단에 선 젊은 강사의 수업을 들으면서 인생이 달라졌다.

그분은 과제를 내고 피드백을 일일이 해 주셨다. 수업은 어려웠지만 처음 받는 교수님의 피드백에 지적인 자극을 받았다. 학점과 상관없이 과제를 제대로 하고 싶어 열심히 했다. 제출 후 돌려받은 과제에는 'excellent!'라고 적혀 있었다. 보상을 목적으로 하지 않고 스스로 호기심과 성취감을 만족시키려고 노력한 결과였다.

처음으로 뭔가를 공부하고 싶다는 욕구가 생겨서인지 수업을 즐겁게, 열심히 들었다. 이런 모습이 기특했는지 교수님은 내게 졸업 후 대학원에 진학해서 더 공부해 볼 것을 권하기도 하셨다. 이일로 나는 공부의 재미를 조금이나마 맛볼 수 있었다. 공부 자체의 즐거움을 깨달은 것이다.

이후 대학을 졸업할 무렵 어떤 직업을 선택할 것인지 고민하면서 또 한번 수능을 보게 됐다. 주위를 둘러보니 취업이 쉽지 않은 때였다. 그렇다고 결혼해서 살림만 하면서 살고 싶지는 않았다. 결혼을 해도 안정적인 직업을 갖고 보람 있는 일을 하고 싶었다. 가르치는 일에 관심을 가졌고 교대에 들어가기로 결심했다. 교대에 입학하면 스물 여섯. 새내기 치고는 많은 나이지만 인생은 길지 않은가.

또 한번 수능을 준비할 때는 새로운 마음가짐으로 열심히 공부했다. 세 번째 수능 도전이었다. 4월 중순부터 수능을 준비하기 시작했으니 짧은 시간에 해야 할 공부가 많았다. 그러나 전혀 힘들다고 느끼지 않았다.

재수 시절이나 삼수(?) 시절이나 상황은 달라지지 않았다. 성적은 밑바닥이었고 공부해야 할 것이 많았다. 그러나 재수를 할 때와는 달리 교대 입학을 목표로 할 때는 뭔가를 하고 싶다는 꿈이 있었다. 그래서인지 누가 시키지도 않았는데 스스로 시간을 계획해 실천했다.

밤을 새우며 인터넷에서 관련 정보를 찾았다. 하나씩 부족했던 공부가 채워지는 것이 뿌듯했다. 억지로 공부했을 때는 몰랐는데 힘들게 해답을 찾은 후 찾아오는 성취감이 이루 말할 수 없이 즐거웠다. 그러자 제대로 공부해 보자는 생각이 들었다. 시험에 나올지, 안 나올지를 생각하지 않고, 하나씩 알아가는 것에 의미를 두었다. 그러면서 내가 많이 발전했다고 느꼈다. 그래서인지 늦은 나이에 도전한 교대 입학에 성공할 수 있었다.

돌아보면 그때 공부에 탄력이 더해진 것은 목표가 생기고 나서였다. 공부의 즐거움을 체험하자 나처럼 방황하고 학업에 어려움을 겪는 아이들에게 도움을 주고 싶다는 꿈이 생겼다. 아르바이트로 과외를 하는 상상도 해 봤다. 나의 조언으로 학생들이 발전해 가는 모습을 그렸다. 어떻게 하면 그 아이들을 더 잘 도와줄 수 있을지 고민하며 공부를 하다 보니, 공부가 전혀 힘들지 않았다. 수능을 본 후 실제로 공부에 어려움을 겪는 고3 학생들에게 과외를 하기도 했다.

학생들은 꿈이 없던 나의 이야기에 호기심을 보였고 본인들과 똑같은 상황이었다는 것에 동질감과 위안을 얻었다. 그들은 자신감을 가지며 목표를 찾아갔고 조금씩 성적이 오르기 시작했다. 학부모로부터 입소문이 나자, 얼떨결에 나는 잘나가는 과외 선생이 되었다.

내 자신의 경험을 봐도, 내가 만나 온 학생들의 경우를 봐도, '절실함'이 기본임을 알 수 있다. 어쩌면 인생을 살아가는 데에 가장 필요한 것은 동기부여가 아닐까. 의미를 찾는다면 이미 절반은 시작한 셈이다. 아이 엄마라고 절실함을 잊고 지낼 필요는 없다. 오히려 지친 일상에서 잠시 쉬기 위해서라도 자기 자신을 위한 공부가 필요하다.

엄마 안식일을
공부로 채워보자

일주일 중 하루는 지친 몸과 마음을 위로하며 푹 쉬라고 일요일이 있다. 일정을 비우고 재충전함으로써 앞으로 나아갈 추진력을 얻을 수 있기 때문이다. 그래서 일요일은 일종의 안식일이다. 그러나 누구나 안식일을 누리진 못한다. 빨간 날이라고 법으로 정해졌는데도 안식일이 무의미한 사람들이 있다. 게다가 근무 수당도 요구할 수 없다. 바로 엄마다.

엄마들이 육아를 하면서 급격하게 늙는 이유는 마음 놓고 푹 쉬면서 에너지를 채울 기회가 없기 때문이다. 같이 애를 키우는데도 남편보다 엄마가 더 늙는다. 남편은 피부에 윤기가 흐르는데 엄마는 푸석푸석. 대다수가 그런 것은 아니지만, 직장에 나가 일하는게 오히려 쉬는 거라 말할 정도로 가사 노동과 육아의 강도가 만만치 않다. 스마트폰은 몇 번씩 충전하면서 왜 엄마는 방전되도록 놔두기만 할까? 마음 같아서는 혼자 훌훌 떠나고 싶지만, 자식이 눈에 밟혀 다시 일어나며 자리를 지킨다. 특히 아직 아이가 어리다면 안식이란 말을 내뱉을 수도 없다.

그러나 육아의 시간은 느리지만 분명히 움직이고 있다. 아이가 언제 클까 싶지만 금세 1년이, 2년이 후딱 지나간다. 지나고 나면 남는 것은 더 이상 일어나지 못하는 바람인형 같은 몸뚱이와 약간의 억울한 마음. 하지만 세월을 돌릴 수도 없다. 냉정한 이야기지만 아무도 육아의 시간을 그렇게 보내라고 한 사람은 없다. 본인의 선택이 그런 상황을 만들어 낸 것이다.

공부를 꿈꾸는 엄마는 아이가 다 클 때까지 기다리자는 생각부터 버려야 한다. 아이가 어리다고 아이에게만 전적으로 매달려서는 안 된다. 아무도 챙겨주지 않는 엄마의 체력과 영혼을 위해 스스로가 안식일을 만들어야 한다. 이른바 '셀프 안식일'을 가져보자. 안식은 아무것도 하지 않고 시체처럼 잠을 자라는 개념이 아니다. 휴식을 통한 재충전의 의미가 담겨 있다. 잠을 아무리 자도 자고 난 후에 더 피곤할 뿐 정신적 변화가 없으면 단순히 잠만 잔 것이다.

연구에 따르면 멍하니 쉬는 것보다, 평소 좋아하는 노래를 듣거나 영화를 보거나 맛있는 음식을 먹는 등의 활동을 하면서 휴식을 취하는 게 더 효과적이라고 한다. 해야 할 일을 억지로 어쩔 수 없이 하면 에너지가 고갈된다. 그러나 같은 일이라도 좋아하고 원해서 하는 일은 에너지를 만들어 준다.

돌이 막 지난 아이를 두고 직장에 복귀한 지인이 있었다. 그녀는 육아 휴직이 보장된 직업을 가졌기 때문에 원한다면 더 휴직할 수도 있었다. 감사하게도 가정 형편이 나쁘지 않았다. 그래서 당연히 육아 휴직을 다 채울 줄 알았는데, 예상보다 빨리 복귀하는 게 의아했다. 그녀는 육아를 하다 보니 자신이 기계처럼 느껴졌다고 말했다. 쌓인 스트레스를 집에서 풀지도 모른다는 생각에 차라리 일을 시작하기로 결정했다는 것이다. 물론 직장 생활도 쉽지 않다. 그런데도 직장에서 일하는 게 힐링이 될 수 있을까?

아이러니하게도 힐링이 될 수 있다. 내가 노력한 만큼 얻는 보상이란 게 직접적으로 보이기 때문이다. 일은 스트레스를 주지만, 또 적절하게 긴장하게 하고 자신을 발전하도록 채찍질한다. 단, 자아 성취에 가까운 일을 하는 경우라는 전제가 있다. 자아 성취와 상관없이 어쩔 수 없이 해야 하는 일이라면 재충전과 거리가 멀어진다.

집안일, 육아, 직장일과 관계없으면서 재충전을 할 수 있는 활동은 무엇일까? 운동하기, 맛집 다니기, 수다 떨기, 춤추기, 텔레비전 시청 등 다양한 방법이 있다. 여기서 대부분 '공부'는 재충전과 거리가 멀다고 생각하는 게 잘못이다.

공부 또한 안식을 위한 활동이 될 수 있다. 공부에 몰입하다 보면 엄마로서 느끼는 부담감을 잠시나마 잊을 수 있다. 그리고 매일 공부가 쌓이면 조금씩 정신적으로 성장하는 기쁨을 얻는다. 집안일은 나를 비워야 하는 활동이지만, 공부는 껍데기만 남은 내 자신을 채워 준다. 하루에 30분이라도 좋다. 아니 10분이라도 좋다.

여기서 중요한 것은 열정, 희망, 설렘 등을 오래 유지하는 것이다. 엄마라는 상황 속에서 공부를 시작하기로 결심한 열정, 그 열정이면 못할 일도 없다. 초심을 끝까지 지속하는 것이 힘들 뿐이다. 지치지 않기 위해서는, 공부를 재충전으로 여기는 생각의 전환이 필요하다.

대개 공부하면 떠올리는 편견은 '잘못된' 공부를 해 왔기 때문이다. 이제까지의 공부가 멘탈을 위협하는 것이었다면, 이제부터의 공부는 멘탈을 지키고 강인하게 만드는 것이어야 한다. 그래야 뭔가를 할 수 있다.

나에게 맞는
공부를 찾자

공자(孔子, BC 551~BC 479)는 '열다섯 살에 배움에 뜻을 두었다(吾十有五而志于學, 오십유오이지우학).'라고 했다. 이를 공자가 열다섯이 되어서야 공부를 처음 시작했다는 뜻으로 오해하면 안 된다. 공부에 뜻을 둔다는 것은 이미 여러 방면의 공부를 두루 해 보고 그 결과 자신이 평생 추구할 만한 공부를 찾았다는 말이다. 이것도 해보고 저것도 해 보고 나니 앞으로 어떤 공부를 해야 할지 감이 온 것이다.

해 보지도 않고 자신이 무엇을 좋아하고 잘하는지 아는 사람은 극히 드물다. 공자는 이런 저런 공부를 해 본 결과, 남에게 잘 보이기 위한 공부는 더 이상 하지 않기로 마음을 먹었다. 죽을 때까지 자신의 내면을 성장시키는 공부, 그럼으로써 자신을 위한 공부를 하겠다고 결심했다. 공자도 자신에게 맞는 공부를 찾기까지 시행 착오를 겪었다. 공자도 그랬는데 처음부터 자신의 인생을 걸 만큼,

매력적인 공부를 만나기란 쉽지 않다.

이제 막 공부를 시작하려는 엄마들이 부딪히는 첫 번째 난관은 어떤 공부를 해야 할지 모르겠다는 막막함이다. 그동안 육아와 살림의 스트레스를 푼다는 이유로 즐겨 찾은 예능과 드라마에 익숙하지, 도서관이나 서점은 낯설기만 하다. 간혹 도서관에 가지만 자신을 위한 책보다는 아이를 위한 책에 관심이 있다. 가뜩이나 체력이 바닥난 상태인데 글씨가 머릿속에 들어갈 여유가 없다. 그러다 보니 점점 책과 멀어진다. 그런데 동네에서 만나던 엄마가 어느 날부터 모습을 보이지 않는다. 아이가 어린이집에 가고 나면 공무원 시험 준비를 한다고 했다. 옆집 엄마가 미래를 위해 부지런히 준비하는 모습을 보자 괜히 조바심이 난다.

'나도 공무원 시험을 준비할까?' 그러나 막상 공무원 시험공부를 하려니 도저히 흥이 나지 않는다. 아무리 공무원 준비가 대세라고 한들 자신의 적성에 맞지 않기 때문이다. 유치원 모임에서 알게 된 한 엄마가 동네 문화 센터를 다니면서 예쁜 글씨 POP 자격증을 따러 다닌다는 소식도 듣는다.

'다들 부지런히 자기 계발을 하는구나.' 왠지 모를 소외감과 주눅이 든다. 그렇게 시간을 내서 자기 계발을 하는 엄마들을 보면 부러움 반 압박감 반, 알 수 없는 기분에 사로잡힌다. '나는 뭐하고 있는 걸까?' 목표를 설정해 노력하는 엄마들이 부럽기만 하다. 아무리 생각해 봐도 나는 어떤 것을 공부할지 잘 모르겠다. 그렇게 하루하루 시간이 흐르다 보면 자기 계발은 안중에도 없어진다. '그

래! 집안 살림에 더 신경 쓰면 되지.' '지금도 피곤한데 괜히 더 피곤하기만 할 텐데.'

문제는 너무 금방 포기한 것에 있다. 공자가 자기에게 맞는 공부를 찾기까지는 시행착오의 시간들이 있었다. 이제 막 밥을 먹기 시작한 아이에게 어떤 반찬을 제일 좋아하느냐고 묻는 것은 어리석다. 시간이 걸리지만, 차곡차곡 아이의 식성이 만들어질 때까지 기다려야 한다. 그동안 아이에게 이런 반찬, 저런 반찬을 먹이며 다양한 식감과 맛의 자극을 제공해 주면서 말이다.

공부도 마찬가지다. 내가 뭘 하고 싶은지 알고 싶다고 한꺼번에 과욕을 부리면 공부에서 멀어진다. 천천히 이것도 관심 가져 보고 저것도 관심 가져 보면서 나에게 맞는 공부 취향을 만들어 가야 한다. 그렇게 이것저것 하면 어느 날 본인의 적성과 가치관에 딱 맞는 공부를 찾을 것이다. 설사 못 찾는다고 해도 좌절할 필요는 없다. 즐겁게 그 시간을 보냈다면 이미 공부를 한 셈이니까.

오늘날 자신에게 맞는 공부를 찾기는 예전보다 쉬워졌다. 인터넷에서는 다양한 삶의 이야기를 발견할 수 있다. 동네 문화 센터에서는 문학, 예술, 요리 등 거의 모든 영역의 공부를 만날 수 있다. 도서관에만 가도 각종 분야의 책들이 주제별로 넘쳐 난다. 그냥 손길 가는대로 하나씩 꺼내 읽어 보자. 마음 끌리는 대로 누군가의 강의를 듣기도 해 보자. 어느새 공부에 대한 작은 열정이 자라고 있을 것이다.

공부 열망을 자극하는
동영상 팁

세상을 바꾸는 시간, 15분. 일명 '세바시'라는 강연이 있다. 세바시의 장점은 강연장에 가지 않아도, 스마트폰이나 컴퓨터로도 손쉽게 강연을 들을 수 있다는 점이다. 세바시를 보면 시사부터 교양, 자기 계발 등 다양한 분야의 명사들이 나와 자신의 인생 이야기를 들려준다. 설거지를 하거나 음식을 준비하면서도 가볍게 들을 수 있다. 무심코 듣다 보면 나 또한 의미 있게 인생을 살아가고 싶다는 열망이 샘솟는다.

한때 나는 세바시에 푹 빠져 지냈다. 아이가 돌이 되기 전 무렵이었나 보다. 아이는 몸에 센서가 달렸는지 방바닥에 눕히려고 하면 울어 댔고, 그래서 주로 캥거루 자세로 가슴 위에 아이를 올려놓고 재워야 했다.

엄마의 심장 소리와 따뜻한 체온을 느끼며 아이는 편히 잠들었지만 나는 돌아다닐 수도 없었다. 아기가 깰까 봐 마음 놓고 화장

실도 갈 수 없었다. 수면 부족과 출산 후유증으로 체력이 바닥이 난 상태라 집중력도 금방 떨어졌다. 아기가 가슴 위에서 잠이 들면 깜박 같이 잠이 들었다. 잠이 오지 않을 때는 시간이 무료하게 느껴졌다.

아기와 나, 단둘이 집에 덩그러니 있다 보니 집이 창살 없는 감옥처럼 느껴지기까지 했다. 아기가 가슴 위에서 잠이 든 어느 날, 집안은 층간 소음마저 들리지 않아 참으로 고요했다. 소파에 기대 멍하니 앉아 있는데 해가 뉘엿뉘엿 지고 있었다. '오늘도 하루가 이렇게 가는 구나……' 세상과 단절된 기분이었다. 그나마 유일하게 손은 자유로웠다. 책을 볼 수는 있었다. 그러나 글자가 눈에 들어오지 않았다. 손가락을 꼼지락거리며 스마트폰을 보는 것이 더 나았다.

처음에는 연예 기사를 지겨울 정도로 읽었다. '짤방'도 보다 보면 시간이 금방 지나갔다. 그리고 나면 눈도 아프고 팔도 아프고 무엇보다 공허한 기분이 들었다. '그냥 잠이나 잘 걸.' 스마트폰을 보더라도 뭔가 생산적인 활동을 해 봐야겠다는 생각이 들었다.

우연히 검색 끝에 세바시를 알게 됐고, 아기가 캥거루 자세로 자는 동안 한 편씩 듣기 시작했다. 아이가 바닥에서도 잘 잤다면, 지금 내 모습은 또 어떻게 됐을지 모르겠다. 잠투정이 심했던 아이에게 감사할 정도로, 나는 당시 주로 세바시 강연을 들으며 시간을 보냈고 자극을 받았다.

그 시기의 아기는 잠을 수시로 잠깐 자기 때문에 세바시 시청은 유용했다. 외출이 자유롭지 않아 전문가의 강연을 들으러 가는 것이 그림의 떡이지만, 그렇게 손쉽게 강연을 들을 수 있다니 신세계가 열린 기분이었다. 세바시의 강연 스토리는 일정 공식이 있었다.

'평범한 인생 ⇨ 실패의 연속, 좌절 ⇨ 위기 상황 탈출 노력 ⇨ 자기만의 영역 개척' 이런 식이다. 처음에는 강연자들의 삶이 나의 삶과는 다른, 먼 이야기같이 느껴졌지만 강연을 들을수록 나도 저들처럼 나만의 영역을 만들어 가고 싶다는 꿈이 생겼다. 그들도 나와 비슷한 평범한 사람들이었다. 어떤 사람은 나보다 더 열악한 환경 속에 있었다. 그런데 저들과 나는 왜 차이가 나는 것일까? 그것은 바로 열정이 있느냐 없느냐에 달려 있었다.

세바시에 올라온 강연을 대부분 보고 난 후 내 자신에게 반문했다. '지금까지 뭔가에 꽂혀 죽기 살기로 노력을 해 본 적이 있는가?' 냉정히 말하자면 죽기 살기의 노력을 해 본 적이 없었다. 50%의 노력도 채 해 보지 않았다는 생각이 들었다. 이렇게 살다 죽으면 참 허무하고 후회가 되겠다는 생각이 들었다. 품속에서 잠이 들은 아기의 얼굴을 보면서, '엄마가 힘들더라도 좀 노력해 볼게'라고 말해 보았다.

이제는 세바시를 보지 않지만 아무도 찾아오는 이 없이 고립된 육아의 초창기, 그 까마득한 시간 속에서 자아실현의 자극을 강력하게 준 세바시는 고마운 존재였다. 인생은 결코 짧지 않다는 것, 그 속에서 어떤 삶을 살아갈 것인지는 결국 자신의 선택임을 깨닫게 해 주었다.

육아의 시간은 길고 고독해 보이지만, 결국 한때라는 것을 알게 됐다. 아이도 언젠가 자라 엄마 품을 떠나듯, 나 또한 정신적으로 독립할 수 있는 나를 만들어야겠다는 다짐을 하게 했다. 앞으로는 세바시를 듣는 청중이 아닌, 세바시에서 강연할 수 있을 만큼 내 삶을 채워 가고 싶다.

순 공부 시간,
양이 아닌
질을 높이자

우린 누구인가. 시간이 항상 부족한 엄마다. 엄마들은 늘 시간이 없다. 엄마의 하루는 정신없이 간다. 그러나 하루 30분 정도는 투자할 시간을 낼 수 있다. 다만 아무 계획 없이 시간을 보내다 보니 30분도 여유가 없다고 생각할 뿐이다. 하루 30분. 공부하기엔 너무 적은 시간이 아닐까? 전혀 그렇지 않다. 30분은 EBS 라디오 영어 프로그램 하나만 꾸준히 매일 듣고 복습하기에도 충분한 시간이다. 독서를 한다면 짧은 챕터 하나를 읽을 수도 있다.

대부분의 공부가 그렇지만 엄마의 공부도 순 공부 시간으로 따져야 한다. 각종 합격수기를 보면 합격자의 공통점은 순 공부 시간이 압도적으로 많았다는 것이다. 자야할 때 자고, 먹을 것 제때 먹고, 운동을 하면서도 이들에게는 순 공부 시간이 일정하게 많다. 합격자들은 똑같이 주어진 24시간을 의지에 따라 조절하려고 노력해 누구에게도, 어떤 것에도 방해받지 않는 자신만의 시간을 확보했다.

학창 시절을 돌이켜 보자. 부모는 자녀가 학교에 있으면 하루 종일 공부한다고 여긴다. 그러나 몸은 교실에 있지만 머리는 안드로메다에 있는 시간이 더 많다. 꾸벅꾸벅 졸기도 하고, 스트레스 풀겸 수다도 떨어야 하고, 왕성한 식욕에 군것질도 하러 가야 하니, 학교에 10시간 앉아 있어도 정작 공부하는 시간은 10분의 1도 안되는 경우도 많다. 그러니 새벽부터 학교에 가도 성적은 영 말이 아니다. 어른들이 학생들을 학교에 앉혀 놓는 시간은 많지만, 그들이 스스로 공부하는 시간은 부끄러운 수준이다.

공부하는 학생이나 엄마에게 중요한 것은 온전히 집중하는 순공부 시간이다. 아이 엄마의 경우는 조금이라도 자신만의 시간을 기획할 수 있으려면 아이가 어느 정도 자라 어린이집을 가야 한다. 아이가 잠깐이라도 어린이집에 다니면 엄마는 그제야 온전히 자신만의 시간을 갖기 시작한다.

그러나 돌발 상황은 언제나 생긴다. 아이가 입원하거나 컨디션이 좋지 않아 집에 있어야 하는 상황이 발생하기도 한다. 처음 기관 생활을 시작하는 아이들은 면역력이 약해 잔병치레를 많이 하기 때문이다. 또 아내이자 엄마로서 처리해야 할 일들도 여전히 많다. 어린이집이 방학할 때에는 자기만의 시간을 갖기 힘들다. 학창 시절처럼 엄마가 차려 주는 밥을 먹으며 편히 앉아 공부할 수 있는 상황도 아니다. 이제 내가 누군가의 엄마 노릇을 해야 한다.

그렇지만 엄마들에게는 특별한 능력이 있다. 바로 '통찰력'이다.

통찰력은 '아하!' 하면서 나도 모르게 전반적인 상황을 파악하는 능력이다. 인간은 누구나 지금까지의 경험을 토대로 자신에게 닥친 문제를 해결할 실마리를 쥐게 된다. 엄마는 출산과 육아라는 실전 경험을 무기로 그 누구보다 통찰력이 깊어진다.

누가 알려 주지 않아도 자기 아이에 대한 직감을 갖게 된다. 몸과 마음이 고된 만큼 삶의 지혜 또한 깊어진다. 삶의 지혜, 그게 바로 통찰력이다. 아이를 낳고 기억력, 암기력, 순발력, 계산 능력은 떨어질지 모른다. 그러나 인생을 깊고 풍부하게 만들어 줄 공부에 순발력과 계산 능력이 필요한 것은 아니다. 오히려 끈기, 끝까지 버티는 지구력, 전체를 파악하는 통찰력을 다듬어 간다면 공부는 할만하다. 체력은 십 대, 이십 대에 못 미쳐도 그에 못지않은 통찰력을 지닌 자들이 바로 엄마다.

엄마는 직업이 아니다. 그럼에도 엄마란 이름이 붙은 순간부터 직장인이 된 것처럼 해야 할 책무가 늘어난다. 책무들 속에서 자기계발을 할 시간을 쪼개는 것이 쉽지 않다. 조금 공부하다 보면 어느새 장 보러 가야 한다. 또 조금 공부하다 보면 어느새 밀린 설거지도 해야 한다. 이러다가 어느 세월에 공부를 할까? 이런 조급함을 버리자. 일단 주어진 시간 동안 고도의 집중력을 발휘하는 연습을 해야 한다. 처음에는 10분 동안 다른 생각은 하지 않고 공부에만 매달린다.

아이 걱정, 집안 걱정이 불현듯 생각날 수도 있다. 특히 스마트폰은 아예 손이 안 닿는 곳에 놔두는 게 좋다. 이렇게 해도 각종 잡

생각이 떠오른다면 생각을 중지하고 자신의 5년 후 모습을 상상하자. 5년이란 시간은 금방 간다. 5년 후에도 자신의 삶이 지금과 별반 다를 바 없다면 어떨까. 다시 공부에 집중해야 하는 이유가 생길 것이다.

나 또한 육아에 지치고 힘들 때면 5년 후의 모습을 떠올려 봤다. 박사 학위를 받고 강의를 하고 있을 모습을 그려 보았다. 만약 이대로 지친다고 포기하면, 탈출구 없는 일상이 계속 되풀이되고 있을 것이다. 그렇게 마음을 다잡다 보면 어려운 공부도 어느새 열심히 하게 된다. 막강해진 통찰력으로 공부에 속도를 더할 수 있었다. 대학원에 막 입학했을 때는 5년이라는 시간이 까마득하게 여겨졌지만, 지나고 나니 5년은 견딜 수 있는 시간이었다. 뭐든 시작이 반이라는 말이 실감이 난다.

순 공부 시간이란 '아하'하고 문제를 파악하기까지 공부에만 정신을 집중하는 시간을 말한다. 사람마다 공부 시간의 양은 다르지만, 순 공부 시간이 많은 자가 좋은 결과를 얻을 수 있다는 사실은 변함없다.

나를 위한
공부의 시작,
공간 만들기

엄마는 보통 집안 살림의 최고 책임자이다. 살림이란 비우고 채우는 일의 연속이다. 냉장고의 식재료를 적절히 비워 주는 일, 빈 만큼 장을 봐서 채우는 일, 생활 쓰레기를 제대로 비워 주는 일, 집 안을 온기로 채우는 일 등을 해야 한다.

물론 살림에도 책임과 노력이 필요하다. 이는 육아를 할 때도 마찬가지다. 육아에서 엄마가 짊어지는 책임감은 만만치가 않다. 엄마가 되면 평소 둔한 사람도 유독 아이에게만은 감각이 엄청나게 발달하는 것 같다. 아이의 조그만 기침 소리에도 신경이 쓰이고, 아이의 온갖 움직임과 표정을 감지하는 안테나가 발달한다.

외출했다 돌아오면 아이를 씻기고 옷을 갈아입히고 식사나 간식 준비를 하는 일에 당연히 온 신경이 쓰인다. 이와 함께 엄마는 아이의 감정과 인지 발달을 민감하게 살피고 적절히 대응해 줘야 한다. 엄마는 섬세하게 아이를 지켜보며 아이의 성장에 항상 관심을 가져야 한다. 만약 아이가 조금이라도 잘못되면, 이 모든 것은 대개 엄마 탓이라는 비난을 들어야 한다.

이렇게 살림과 육아는 헌신적으로 책임지면서, 정작 엄마는 자신을 경영하지 못하는 경우가 많다. 여건이 안 되기 때문이다. 그럼에도 살림과 육아로 황폐해진 영혼을 충만하게 다지기 위해 공부를 하겠다면, 살림 못지않게 나 자신을 책임질 수 있어야 한다. 어떻게 하면 나를 경영할 수 있을까?

먼저 나만의 공간을 만드는 일을 시작해 보자. 나만의 공간이라고 해서 거창할 필요는 없다. 책이나 노트북을 올려놓을 수 있는 공간이면 충분하다. 그러고 보면 아이와 남편의 책상은 있지만 엄마를 위한 책상이 없는 경우가 많다. 아쉬운 대로 부엌 한쪽 공간을 활용해도 좋다. 거기에 나만 앉을 수 있고, 나만 사용할 수 있는 전용 책상을 놓는다. 책상 위에는 공부와 상관없는 것들은 가급적 올려놓지 말아야 한다. 한번 살림살이를 올려놓기 시작하면 나만의 전용 책상은 없어진다.

그 공간에는 다른 영역이 섞이지 않도록 신경써야 한다. 나를 위한, 그 무엇도 침범할 수 없는 영역을 정해 놓자. 그 공간은 철저히 내가 사색하는 장소로 정해 놓아야 한다. 만약 집이 어수선하다면 집중이 잘 되는 카페, 도서관 등 집 밖에서 나만의 공간을 찾아볼 수도 있다.

이와 관련해 '해리포터 시리즈'를 쓴 작가, 조앤 롤링의 이야기를 소개한다. 나는 해리포터에 푹 빠져 중간고사도 잊은 채 책을 읽은 적이 있었다. 조앤 롤링은 어떤 사람이었을까? 그녀는 딸을 낳은 지 4개월 만에 남편과 이혼을 했고, 이후 생활고 때문에 자살을 생각할 정도로 인생의 밑바닥까지 내려온 상태였다.

핏덩이 같은 딸과 가난, 이 두 가지는 당시 그녀에게 약점이었다. 미혼모에게 주는 정부 보조금으로 아슬아슬하게 생활을 버텨야 했다. 하지만 그 와중에도 롤링은 대학에 들어가 교사 교육과정을 수료했다. 한국 엄마들만 억척스러운 게 아니었다. 세상의 모든 엄마들은 이처럼 초인임에 분명하다. 놀랍게도 그녀는 해리포터 시리즈를 이 시기에 썼다. 조앤 롤링은 글을 쓸 공간이 없어 카페를 찾아 나섰다. 아이를 유모차에 태워 산책을 했고, 아이가 잠이 들면 카페에 들어가 글을 썼다.

글을 쓰는 동안 그녀의 마음은 어땠을까? 사람들이 들락날락하는 시끄러운 공간이지만, 그녀에게 카페는 아무도 침범할 수 없는 자신만의 공간이 되어 주었을 것이다. 이처럼 자신만의 영역을 확보하는 것은 중요하다. 내 공부를 위한 공간이 있다면 반절은 시작한 셈이다.

책상 위에 탁상 달력을 놓는다면 공부를 위한 물리적 환경은 준비 완료. 달력은 칸이 넉넉한 게 좋다. 달력에 살림, 육아와 관련된 내용이 아닌 자아실현을 위한 계획을 적어 보자. 스케줄을 빼곡히 적어 갈수록 주부이자 엄마가 아닌, 자신을 경영하는 CEO가 된 기분이 들 것이다. 달력은 한 달의 계획을 한눈에 보는 수단으로 활용하고, 하루의 계획은 메모장이나 다이어리에 적어 보자. 나는 작은 노트를 사서 책상 한쪽에 펼쳐 놓았다. 날짜와 요일을 적고 그날 할 일을 기록했다. 지켰으면 빗줄 긋고 완료.

계획은 구체적일수록 지키기가 쉽다. 아이 엄마라는 상황을 고려해 융통성 있게 계획을 세워야 한다. 처음에 나는 아이가 어린이집을 가는 평일에는 무조건 공부한다는 계획을 세웠다. 하지만 아이의 컨디션에 따라 때로는 공부할 수 없다는 것을 경험했고, 3일 동안 할 수 있는 양으로 공부 계획을 수정했다.

처음에는 이렇게 해서 뭘 할 수 있을까 싶어 한심한 생각이 들었다. 그러나 이것만을 지키는 것도 쉽지 않았다. 그래서 3일 공부라도 제대로 실천해 보기로 결심했다. 3일간 내 시간을 가지고 공부를 한다는 게 어딘가.

공부하는 엄마를 위한 시간 활용 꿀팁

공부를 할 때는 조금 더디더라도 나와 가족에게 무리한 계획을 세우면 안 된다. 달팽이처럼 느릿하게 기어가더라도 꾸준히, 오래 하는 것이 가장 중요하다. 이렇게 생각하고 실천한 나의 하루 일과표를 소개한다. 아이가 네 살일 때 실천한 내용이다.

7시 : 식구들 기상시키기

8시 : 아침 준비하고 먹기

9시 30분 : 아이 등원시키기, 아이 등원시키고 돌아올 때 장보기

11시 : 집안 청소하기

12시 : 지금까지 한 공부 검토하기+계획 점검하기, 점심 먹기+저녁 준비해 놓기

1시~3시 : 순 공부 시간 확보

3시 30분 : 아이 데리러 가기

일과표를 보면 하루가 짧게 느껴진다. 하루가 24시간이라는데 그 많은 시간은 어디로 흘렀나?

내 아이는 알레르기성 비염이 심해 먼지에 유독 약했다. 아이가 어린이집에 가면 베개를 털고 햇빛에 말리는 일, 침실 물걸레질 하기, 아이의 동선 따라 물걸레로 먼지 훔치기를 해야 했다. 그렇게 시작한 청소는 결국 집안 대청소로 끝났다. 또래보다 체격이 작은 아이라 식단도 많이 고민했다. 나에게는 요리가 쉽지만은 않았다. 그래서 바쁜 날에는 검증된 반찬 가게로 가 반찬을 사 왔다. 아이가 잘 먹고 시간을 절약하니 나쁘지 않았다.

1시~3시는 공부만 하는 시간으로 칼같이 정해 놓았다. 나만의 시간이 부족하다고 공부를 못하는 것은 아니다. 하루에 조금씩이라도 규칙적으로 꾸준히 지속하는 자세가 중요하다. 그러기 위해서 그 시간만큼은 빈틈을 허용해서는 안 된다.

내가 이렇게 독하게 공부 시간을 지키려고 했던 것은 그렇게라도 습관을 만들지 않는다면 중도에 그만둘 것이 뻔해 보였기 때문이다. 의지를 시험하는 순간은 예고 없이 시시때때로 찾아온다. 그러니 습관을 만들지 않는 한, 공부하기가 쉽지 않을 것이다.

습관을 만드는 데에는 1년 정도 걸린 것 같다. 처음에는 공부를 하면서도 집중이 되지 않았다. 뜬금없이 일어나 냉장고 문을 열고,

남은 반찬은 뭐가 있나 확인하느라 공부가 제대로 되지 않았다. 엉덩이는 의자에 앉아 있지만, 머릿속은 아이의 간식 준비, 저녁 반찬, 생활비 걱정들로 복잡했다. 그럴 때마다 다시 냉장고 앞으로 쪼르르 달려가거나 통장을 들여다보니 문제였다.

시간을 더 쪼개고 구체적으로 나눠야 했다. 나만의 3시간을 쓸 수 있다면, 1시간은 잡념의 시간으로 보내기로 했다. '그래, 이따 잡념의 시간에 생각하자.' 그러다 보니 한결 마음이 편해지고 2시간을 온전히 내 시간으로 쓸 수 있었다.

그렇게 습관을 만드니 나중에는 시간이 아쉽게 느껴질 정도로 금방 지나갔다. 오히려 공부할 시간이 적다고 생각하니 몰입이 잘 됐다. 하루 중 내게 주어진 시간만큼은 온전히 나를 위해 쓰고 싶었다. 그러자 나중에는 공부에 너무 집중한 나머지 아이를 데리러 갈 시간이 임박해 헐레벌떡 뛰어다니는 일이 빈번해졌다.

작가들의 작업 뒷이야기를 적은 글을 본 적이 있었다. 그 중 인상적인 것은 글을 쓴 지 무려 20~30년씩이나 되는 대가들의 작업 방식이었다.

등단 30년이 다 되어가는 소설가 구효서는 스스로 일하는 시간을 정해 매일 쉬지 않고 규칙적으로 글을 썼다고 한다. 아침 9시에 출근해 오후 6시까지 일한다는 규칙을 빠짐없이 실천한 것이다. 글이 안 써질 때에도 무조건 그 시간에는 글을 썼고, 30년 동안 직장인처럼 일하는 시간을 지켜 왔다고 한다. 이런 이야기를 접할 때마다 공부 시간을 엄격하게 고수했던 내 방식을 확신하게 된다.

　나의 지도 교수님도 마찬가지였다. 낮에는 학생 지도, 행정 업무 등 정신없이 바쁘셨지만 꾸준하게 글을 쓰셨다. 도대체 언제 글을 쓸 시간이 있는지 궁금했다. 교수님은 일과가 끝난 저녁에 매일 꾸준히 시간을 정해 공부하시고 글을 쓰셨다.

　하루 중 1~2시간은 적은 시간같이 느껴지지만 한 달, 일 년, 삼 년 꾸준히 쌓이고 쌓이면 통장에 이자가 붙듯 든든한 시간들이 된다. 엄마는 고3처럼 공부만 할 수 있는 상황이 아니니, 최소한의 시간을 알뜰히 내 것으로 만드는 게 중요하다.

　그런데 아이가 집에 돌아오면 사실 책 한 장 읽는 것은 꿈도 못 꾼다. 내가 슬쩍 책을 보기라도 하면, 아이는 자기 책을 들고 와 읽어 달라고 했다. 아이는 뭘 해도 엄마의 관심과 사랑을 온전히 원했다.

　시간의 양보다 질을 고려하는 습관은 육아에도 적용됐다. 사소한 것을 하더라도 그 시간만큼은 아이에게 푹 빠져야 한다. 정성을 담아 아이를 대하고, 아이와 무아지경에 빠져 같이 놀면 좋다. 대단한 방법이 따로 있지는 않다. 예를 들어 노래를 하나 부를 때도 아이를 사랑하는 마음이 전해지기를 희망하면서 열심히 불러 줬다. 남들 눈에는 내가 서툴고 부족해 보일지라도, 나는 최선을 다해 사랑을 표현했다. 부족한 엄마지만 엄마가 곁에 있다는 것만으로도 아이에게는 큰 버팀목이 되는 것이다.

　아이가 잠이 들 때까지는 철저히 엄마와 주부로서 지내야지, 공부에 대한 미련을 가져서는 안 된다. 아이의 마음을 읽어주고 사랑하는 마음을 전하는 일은 매일 잊지 않아야 한다. 아이를 품에 꼭 안고 머리를 쓰다듬고 아이의 체취를 맡으며 미소를 지어 주는 일은 자기 전 필수 일과이다.

어린이집에서 아이가 돌아온 후에는 공부를 하지 않더라도, 나중에는 요령이 생겨 하루에 3시간 정도 순수하게 공부할 시간을 확보했다. 하루 3시간, 주말을 빼고 한 달이면 60시간, 일 년이면 720시간. 어차피 긴 호흡으로 시작한 공부니 처음부터 조급할 필요는 없다. 그동안 공부와 담쌓고 지냈는데 갑자기 공부하겠다고 무리해서 계획을 세우면, 스트레스가 심해 공부를 지속할 수가 없다. 처음에는 시간을 조금 느슨하게 잡되, 계획한 시간은 엄격하게 채우는 자세가 필요하다. 공부의 반은 어떤 습관을 들이냐에 달려 있음을 잊지 말자.

이렇게 틈틈이 공부를 하다 아이가 자라면 공부할 수 있는 여건이 점점 더 좋아진다. 3일 공부에서 4일 공부, 하루 3시간에서 4~5시간으로 공부할 수 있는 시간이 늘어난다. 아이가 초등학생 이상이 되면 같이 공부할 수도 있다. 중요한 것은 미루지 말고 '지금' 시작하는 것이다.

무엇을 공부할까?
자신을 알고
시작하자

"아이가 어린이집에 가게 돼서 공부 좀 해 볼까 하는데 뭘 하면 좋을까요?"

"공무원 시험을 준비해 볼까요?"

"돈이 되는 공부를 하는 것이 좋겠죠?"

공부를 하겠다는 엄마들이 내게 물어본 질문들이다. 내 얘기가 이런 의문에 답이 됐으면 하는 마음으로 나의 공부를 소개하겠다.

앞서 소개한 대로 한국사 능력 시험에 합격한 후 나는 대학원에 진학해 '교육 철학 및 교육사'를 공부했다. 대학원 진학을 결심한 이유는 다음 이야기에서 할 예정이니 우선 전공을 어떻게 선택했는지 적어볼까 한다.

나는 학부 시절 교육학을 전공했고, 잠깐의 밥벌이 또한 교육과 관련된 일을 했기에 교육학을 더 공부하고 싶었다. 교육학은 근대 이후 성립된 학문이기에 역사는 짧지만 관련 분야가 방대하다. 심리학, 철학, 공학, 행정학 등 각종 학문을 끌어들여 만든 것이 교육학이다. 인간을 이해하고 교육시키기 위해서는 인간과 관련된 다양한 학문들의 도움이 필요해서 그렇게 만들어졌다.

그런데 교육 철학 및 교육사는 교육학 분야에서 인기 없는 전공 중 하나이다. 돈이 안 되기 때문이다. 교육 공학이나 교육 과정, 교육 심리를 선택해야 그나마 대학에 자리 잡을 가능성이 높다. 하다못해 연구소에 명함이라도 내밀 수 있다. 그래서 교육학을 공부하겠다고 주위에 말했을 때 주변 사람들은 말했다.

"교육 공학을 공부해 봐. 교육 공학이 대세잖아."

그러나 '교육 철학 및 교육사'를 전공하겠다는 결심은 흔들리지 않았다. 공학이나 과정, 심리가 아무리 잘나가는 분야라고 해도, 내가 잘할 수 있을지는 미지수였다. 나는 학부시절 교육 공학, 교육 과정 등의 과목을 접했을 때 억지로 공부를 했었다. 전혀 흥미를 느끼지 못했다. 그러나 철학이나 역사는 재밌었다. 그리고 교육사나 교육 철학 책을 읽으면 무슨 말인지는 이해할 수 있었다. 이렇게 머리로 이해되는 공부를 해야 따라잡을 수 있지 않을까. 인기 많다는 과목을 골라 5년, 10년이 지나도 학위를 받지 못해 쩔쩔매고 있을 바에야, 내가 그나마 잘할 수 있는 것을 선택하는 게 나았다.

자신 있고, 좋아하는 것을 하다 보면 언젠가는 능력을 발휘할 날이 오지 않을까. 다시 시작하는 공부는 남에게 보여 주기 위한 전공을 고를 필요가 없었다. 학창 시절 괜히 다른 사람의 눈을 의식해 공부한 것도 모자라, 서른이 넘어서도 그러고 싶지 않았다. 게다가 지금의 인기가 앞으로도 보장된다고 어떻게 장담할까. 몇 년 전만 해도 교육 공학과 교육 과정은 크게 주목받지 못했는데, 지금은 이들 과목을 전공한 사람들이 잘나간다. 그렇다면 앞으로는? 아무도 모른다.

공부를 시작하려는 엄마들이 많은 관심을 보이는 공무원 시험 준비도 비슷한 맥락에서 생각해 볼 수 있다. 공무원도 종류가 다양하다. 그러니 무조건 합격자를 많이 뽑는 분야를 택하기 전에, 일단 공무원의 다양한 세계를 확인해 보자. 그리고 그 분야에 합격해서 앞으로 20년 정도 일한다고 상상해 보자. 그래도 괜찮겠다 싶은 분야를 선택하는 게 어떨까.

공부를 시작하려는 이유와 목적은 다양하겠지만 나에게 맞는 공부를 소신 있게 고르는 과정도 무척 중요하다는 것을 잊지 말자.

대학원 진학
그리고 위기

여자가 집을 비우면 다른 여자가 필요하다는 말이 있다. 집안이 엉망진창이 되지 않으려면 살림에 미숙하더라도 여자가 있어야 한다. 그러니 엄마가 뭐 좀 해 보겠다고 집을 나서려면, 엄마 역할을 해 줄 누군가가 필요하다. 친정이나 시댁의 도움을 받을 수 없는 상황이라면 가사 도우미를 써야 하는데 그러면 비용이 든다. 그렇게 돈을 들여가면서 불확실한 무언가에 매달리느니 엄마가 집에 있는 게 더 나을지도 모른다.

그런데 인생은 길다. 언제까지 살지 아무도 모른다. 나는 죽을 때까지 할 수 있는 일을 찾고 싶었다. 나를 언제 해고할지 모르는 직장에서 일하는 삶이 아닌, 스스로 그만둘 시기를 결정하는 삶을 살고 싶었다. 현실은 1년 계약직이라도 감지덕지해야 할 만큼 녹록지 않았지만 눈을 딱 감고 저질러 보기로 했다.

세상에는 공짜가 없다. 살다 보니 공짜는 기대하지 않고 사는 게 정신 건강에도 이로웠다. 뭐든 투자가 필요하다. 내가 아이를 키우면서 대학원 진학을 결심한 까닭은 일종의 투자라고 생각해서였다. 출산 후 몸을 추스르자마자 악착같이 공부에 매달렸던 이유는, 어차피 시간은 갈 거라는 사실 때문이었다.

대학원 진학은 당시 내가 나를 위해 선택할 수 있는 가장 사치스럽고 비현실적인 선택이었다. 그런데 아이가 어린 상황에서 다른 것을 도전할 수는 없었다. 물론 요즘같이 박사가 과잉인 시대에 대학원을 나온다고 장밋빛 미래가 보장되지 않는다. 고학력 백수가 얼마나 많은 세상인가. 그래서 등록금이 싼 국립대에 진학했고 다양한 장학금을 신청해서 받으며 학비를 해결했다.

수업은 일주일에 한두 번, 야간에 가면 됐다. 일주일에 한두 번이 아이 엄마에게는 부담이다. 어떤 교수님은 아이 엄마인 학생이라면 색안경부터 끼고 바라보기도 했다. 아이 엄마가 수업을 제대로 나가는 게 쉽지 않기 때문일 것이다. 고맙게도 남편은 내가 수업이 있는 날이면 집에 와서 아이를 봐줬다. 그래서 수업이 있는 날은 남편이 특히 좋아하는 반찬을 차려 놓고 아이를 부탁하고 학교에 갔다.

수업은 2년만 다니면 수료할 수 있지만 학위를 따려면 논문을 써야 했다. 나는 어떤 일이 있어도 5년 안에 학위를 따겠다고 굳게 결심했다. 쉽지 않은 일이었다. 수업도 웬만하면 빠지지 않고 나가야 했고, 논문도 써야 했고, 이것저것 할 일이 많았다.

처음에는 어린 아이를 남편의 손에 맡기고 집을 나설 때마다 마음이 너무 이상했다. '내가 무슨 부귀영화를 누리겠다고.' 그러다 자신이 없어졌다. 수업을 두세 번 나가고 나니 더 이상 못하겠다는 생각이 들었다. 아이랑 온종일 함께 있다가 아이와 떨어져 학교에 있으니 마음이 불안했다. 혼자라서 시원할 줄 알았는데 말로 설명할 수 없는 기분이 들면서 자꾸만 움츠러들었다. 남편이 아이를 잘 볼 수 있을지 걱정도 됐다.

사실 아이와 몸을 부대끼며 놀아 주는 것은 나보다 남편이 한 수 위였다. 그런데 수업이 끝나고 집에 돌아와서 보면 집안은 난장판이었다. 쓰레기와 장난감, 각종 살림살이로 발 디딜 틈이 없었다. 남편이 웃고는 있었지만 거실에 뻗은 채였다. 겨우 세 시간 자리를 비운 것인데 아이는 엄마 없는 티가 났다. 아이가 아프기라도 한 날이면 당연히 수업을 나갈 수가 없었다. 결혼한 동기 언니들이 왜 학업을 중단했는지 알 것 같았다. 남편, 나, 아이 모두 꼴이 말이 아니었다.

스케줄을 적은 탁상 달력을 보니 육아+살림+공부 세 가지 일정으로 빈틈이 없었다. 그냥 하나라도 잘하는 게 낫지 않을까? 어른들 말씀이 맞는 것일까. 괜히 엄마가 설치고 다니면 집안에 문제가 생기지 않을까? 그래, 육아와 살림 둘 중 하나라도 잘하자. 공부를 한다고 인생이 크게 달라질 것 같지 않은데, 굳이 힘들게 공부를 할 이유가 없을 것 같았다.

수없이 고민한 끝에 나는 책상 위에 올려 놓았던 책을 다 치웠다. 어떻게 하면 더 맛있는 반찬을 만들지, 집안을 더 깔끔하게 정리하는 요령은 무언지 등 육아와 살림에만 전념하기로 했다. 그리고 주위 사람들에게 선언했다.

"이제 공부 그만할래요."

그런데 그때 공부를 하다 알게 된 지인들이 강력하게 말렸다.

"지금 잘하고 있어요. 공부한다고 살림을 놔둔 것도 아니고, 아이를 방치한 것도 아니잖아요."

"살림만 하면 살림이 완벽해질 것 같지요? 육아만 한다고 아이에게 문제가 전혀 생기지 않을 것 같죠?"

그렇게 포기하려는 순간, 다시 생각해 보니 공부를 그만둔다고 내가 육아와 살림을 더 잘하겠다는 생각이 들지 않았다. 오히려 살림과 육아에서 받는 스트레스를 가정으로 가져올 것 같았다. 태어나 처음 육아와 살림을 하는 것인데 이만큼이라도 해내는 게 대단한 거라고 스스로를 위로했다. 그리고 5년 후의 모습을 생각해 봤다. 지금 힘들어도 포기하지 않는다면, 5년 후 조금은 발전된 내 모습이 그려졌다. 적어도 스트레스를 풀 수 있는 나만의 영역이 생기는 것이다. 공부를 하는 동안에는 온갖 걱정, 근심들을 잊을 수 있으니 말이다.

대학원에 가지 않아도 시간은 흘러갈 것이다. 대학원에 가도 시간은 흘러갈 것이고. 생각해 보면 시간은 쥐어짤수록 희한하게 만들어지는 것 아닌가. 그렇게 나는 진학 포기의 위기를 극복했다.

대학원 졸업 후
내게 생긴 변화들

  그사이 수많은 일들이 있었다. 나의 공부 문제로 남편과 싸울 때도 있었고, 모든 것이 부질없게 느껴진 때도 있었고, 괜히 공부를 시작했나 하는 후회가 수십 번 들기도 했다. 그런데 시간이 지나면서 자연스럽게 후회는 줄어들었다. 그래서인지 공부를 하면 할수록 '이 세상에 쓸데없는 삽질은 없다.'라는 신념이 생겼다. 남들이 보기에 무의미한 시도일지라도 뜻이 순수하고 간절하다면 공부하는 길은 계속 생긴다.

  아이는 느리지만 조금씩 컸고, 이제 유치원에 다닌다. 아이는 사랑스럽게도 '엄마, 사랑해'라고 자주 말해 준다. 내가 아이에게 준 사랑을, 아이 또한 내게 베풀 줄 안다. 아이는 아기일 때부터 업혀서 학교나 학회를 오고 가서 그런지 공부하는 모임에 따라오는 것을 좋아한다. 아이에게 "엄마가 공부하는 곳이야."라고 말해 주면 아이는 "나도 여기 와서 공부하고 싶어."라고 말한다. 우리끼리 한 약속도 있다. 아이가 더 크면 학교에서 꼭 만나자는 약속이다. 그때까지 내가 무엇을 하고 있을지, 아이가 공부를 잘할지 못할지는 모르겠다. 그래도 우리는 집이 아닌 엄마 학교에서 만나자고 약속한다. 나도 그랬으면 좋겠다.

공부를 포기하지 않은 나에게는 삶의 변화가 생겼다. 만약 공부를 하지 않았다면 하지 못했을 일을 시작했다. 비록 시간 강사지만 대학 강단에 서서 패기 넘치는 학생들을 만나게 된 것이다. 써먹지 못할 것 같았던 전공 지식을 누군가에게 가르치는 경험을 하고 있다. 대학 캠퍼스는 사시사철 낭만적이다. 캠퍼스 안에 들어서면 절로 미소가 생긴다. 학기를 마치고 학생들에게 감사하다는 인사라도 받으면 돈으로 환산할 수 없는 보람도 느낀다.

한번 쌓인 강의 경력은 또 다른 강의로 이어졌다. 4대 보험도 안 되는 비정규직이면 어떤가. 직업란에 시간강사라고 적는 것도 행복하다. 가끔씩 특강 요청을 받아 소풍 가는 기분으로 다른 지역 대학을 방문하기도 한다. 학회가 있으면 서울에서 부산까지 이 대학 저 대학을 다니며 캠퍼스를 누빈다. 고등학교에 특강을 가기도 한다. 그러고 보니 초등학교에서 대학교까지 교단에 서 본 셈이니, 나는 참 행복한 사람이다.

때로는 학회에서 공부한 것을 발표한다. 학회에서는 내가 애 엄마라도 상관없다. 내가 어떤 관심을 가지고 공부를 하는 사람인지가 중요하다. 공부를 하지 않았다면 누군가 이렇게 내 이름을 불러주는 일이 적었을 것이다. 작년에는 한국 연구 재단에서 연구비를 받는 행운도 있었다. 내가 좋아하는 공부를 하는데 돈까지 받다니. 액수는 크지 않았지만 식구들에게 떳떳한 아내, 엄마, 딸이 된 것 같았다. 예상 못한 행운은 또 있었다. 낯선 번호로 전화가 와서 받은 적이 있다.

"충남 논산 종학당입니다. 윤증의 자녀교육에 관한 논문을 쓰신 적 있으시죠?"

"네. 그런데요. 무슨 일이시죠?"

"이번에 저희 종학당에서 나눔을 주제로 한 인문학 강연을 개최하는데 선생님을 초대하고 싶습니다. 괜찮으시다면 자리를 빛내주실 수 있나요?"

충남 논산에 있는 종학당은 파평 윤씨 문중이 조선시대에 운영했던 사립 학교로 명성이 자자했던 곳이다. 예전부터 가 보고 싶었던 곳이었는데 연락이 온 것이다. 유서 깊은 고택에서 강연을 하게 되다니. 게다가 원한다면 그곳에서 하룻밤 잘 수 있게 해 주겠다니. 강연비도 받고 고택 체험까지, 생각지도 못한 행운이었다. 이게 다 예전에 쓴 논문 덕분이었다. 그 덕에 정치, 행정, 역사, 문학등 다양한 분야의 전공자들을 만나 교류할 수 있었다. 그 뒤로 내가 하는 공부에 좀 더 책임감이 생겼다. 누군가에게 도움을 줄 수 있다는 생각이 드니 좀 더 신중해진다.

그사이 여행 에세이도 두 권이나 출간했다. 인세를 받는 작가가 된 것이다. 첫 에세이를 내고 나서는 경인방송 '라디오 책방'에 출연하기도 했다. 두 번째 에세이를 내자 독자에게 책을 잘 읽었다는 연락을 종종 받는다. 책 작업이 처음이라 여러모로 미숙하기도 했지만 나 같은 애 엄마가 책을 냈다는 것 때문인지, 용기가 생긴다는 이야기를 들을 때면 뿌듯해진다.

최근에는 군인들에게 독서 코칭을 해 주는 강사의 일도 시작했다. 이것도 나름 치열한 경쟁을 거쳐 선발된 자리다. 사실 나는 이력서를 여기저기 수십 차례 내 봤지만, 그때마다 서류조차 통과하지 못했다. 그래서 이번에도 기대 없이 지원했다. 그런데 서류 합격이라는 연락을 받았다. 서류 합격일 뿐인데도 나는 아이에게 "엄마가 서류에 통과했대."라고 외치고 펄쩍펄쩍 뛰며 기뻐했다. 아이는 덩달아 같이 폴짝폴짝 뛰었다. KTX를 타고 면접을 보러 간 날, 아이와 남편의 응원을 받으며 사뭇 진지해졌다. 면접관은 내 이력서를 보더니 말했다.

"육아가 굉장히 힘들었을 텐데 공부까지 했다니 감동을 받았습니다. 혹시 하실 말씀 있으면 해 보세요."

"네. 꼭 합격하고 싶습니다. 저 또한 사회로부터 단절된 시간이 있었습니다. 그 시간을 성장하는 기회로 만들고자 노력해 왔습니다. 사회에서 단절된 군인들에게도 용기를 주고 싶습니다."

며칠 후 합격했다는 소식을 들었다. 한 번도 안 해 본 일이라 또 다른 공부를 해야 할 것이다.

이렇게 공부를 하고 나니 즐거운 일들이 생긴다. 물론 교수가 되기 힘들 텐데 굳이 공부해서 뭐하나 이런 회의감에 빠진 적도 있었다. 그런데 나를 객관적으로 평가하고 욕심을 버리니, 인생은 큰

길만 있는 게 아니라 작은 오솔길도 가득하다는 것을 알게 되었다. 그러니 큰 길에 서있는 화려한 빌딩에서만 즐거움을 찾을 필요는 없다. 이름 모를 풀꽃들로 가득한 작은 오솔길에서도 무궁무진한 즐거움을 얻을 수 있다. 지금도 나는 공부하고 싶은 게 많다. 공부를 하다 만날 작은 오솔길들이 여전히 기대된다.

사실 나에게 거창한 업적이 있는 것은 아니지만 나는 인생에서 현재가 가장 행복하다. 삶의 목표가 가장 뚜렷하고 분명하기 때문이다. 내가 원해서 시작한 일이니 힘든 일이 있더라도 감수한다는 각오다. 물론 때로는 미래가 불안하다고 느낀다. 괜히 공부해서 인생을 더 복잡하게 만든 것은 아닌가 하는 고민을 할 때도 있다. 그러나 앞으로 살아갈 날이 살아온 날보다 점점 짧아질수록, 하고 싶은 일을 실컷 해 보면서 살고 싶다.

철없던 20대까지는 원하는 일이 뭔지도 모르면서 남들 기준에 맞춰 살려고 애쓰지 않았는가. 앞으로 이렇게 계속 공부를 하다 보면 어디서, 어떤 사람들을 만나게 될지 기대된다. 그리고 죽을 때까지 하고 싶은 일을 하며 살아갈 모습을 그려 본다. 조금 더 욕심을 내자면 언젠가는 사람들에게 많은 도움을 주고 싶다는 목표도 생겼다. 특히 이 책을 읽는 당신이 아이 엄마라는 이유로 미리 꿈을 단념하지 않았으면 한다. 누구나 처음부터 완성작을 만드는 것은 아니다. 아이 엄마도 나름의 상황과 수준에서 자신의 작품을 만들어 갈 수 있다. 공부하는 엄마를 꿈꾸는 이들에게 내가 작은 용기라도 줄 수 있다면 더할 나위 없이 기쁠 것이다.

남편,
남의 편이 아닌
동반자로 만들기

친정은 고속버스로 2~3시간이면 갈 수 있는 거리에 있지만 쉽게 가지 못했다. 특히 친정 엄마는 남편을, 남편은 친정 엄마를 어색해했기에 한 집에 오래 있기가 쉽지 않았다. 남편은 결혼했으니 양가 부모님의 도움을 웬만하면 받지 말고 우리 힘으로 해결해야 한다는 입장이었다. 맞는 말이지만 누군가의 도움을 받지 않고 육아를 하기란 쉽지 않다. 아무리 전업주부라도 말이다. 게다가 시부모님은 일을 하고 계셔서 도움을 받을 수 없었다. 그야말로 '육아 독립군'이었다.

이 상황에서 내가 의지할 수 있는 사람은 남편밖에 없었다. 남편은 결혼과 함께 타지 생활을 하게 된 내게 미안했는지 내가 하고 싶은 일을 하겠다면 말리지 않았다. 오히려 격려해 주었다. 토요일 저녁에 무한도전을 시청하는 것만으로도 즐겁다는 소박한 남편은 내가 수업이 있는 날이면 저녁 약속을 잡지 않고 집에 들어왔다.

"오늘은 아내가 수업 들으러 가야 해서 애를 봐야 합니다."

가끔 돌발 상황도 생겼다. 아이가 갑자기 아프면 수업을 갈 수 없었다. 남편에게 중요한 일이 생기면 그때도 수업을 갈 수 없었다. 그럴 때면 난감하지만 교수님께 전화를 드린다. "교수님, 사정이 생겨 수업을 못 가게 됐습니다. 죄송합니다." 나중에는 수업 시작 직전 전화를 하면 교수님께서 자동적으로 "괜찮으니까 아이 보세요."라고 말씀하실 정도였다. 속상하면서도, 육아의 어려움을 이해해 주시는 분을 만나게 된 게 얼마나 다행인지.

한번은 학교에 거의 막 도착했는데 남편에게 전화가 온 적이 있었다. 전화기 너머로 아이의 울음소리가 들렸다. 보지 않아도 어떤 상황인지 그림이 그려졌다. "아이가 엄마를 너무 찾으니 집에 당장 돌아와." 남편도 화가 잔뜩 난 목소리였다. 아이가 엄마만 찾으며 울음을 그치지 않으니 남편도 화가 났을 것이다. 집에서 학교까지는 버스로 50분 정도 걸렸다. 이렇게 막 강의실에 들어서려는 순간, 다시 허둥지둥 집으로 돌아가는 날도 있었다. 그래도 대부분 남편이 집을 지키고 있어 학점을 딸 수 있었다.

아이는 한번 열이 나면 일주일간 아팠다. 그러면 어린이집에 보내지 않고 집에서 간호했다. 이럴 때는 모든 것이 아이 중심으로 돌아간다. 밤에도 아이가 수시로 깨기 때문에 낮과 밤, 아이의 컨디션 회복에 집중해야 한다. 남편은 직장을 빠질 수 없기에 아이 간호는 내 몫이다. 이런 상황이 오면 남편은 주말에 시간을 비워 줬다.

"내가 오늘은 아이를 볼 테니 볼일 봐."

"한 주 동안 아무것도 못했을 텐데, 주말이라도 공부를 해."

그런 주말 아침이면 아이 간식, 남편과 아이의 밥을 미리 챙겨놓는다. 내가 먹을 도시락도 싸고 가방을 챙겨 도서관으로 갔다. 물론 집에 돌아오면 집안은 엉망진창이었다. 게다가 남편은 아이랑 노느라 기진맥진한 상황이었다. 그런 모습을 보면 화도 나고 마음이 약해진다.

'지금 내가 제대로 하고 있는 걸까.', '에휴. 무슨 공부를 한다고.'

이렇게 공부하는 과정에서 남편과 다툴 때도 많았다. 나는 특히 육아와 집안일을 '도와준다'고 생각하는 남편의 태도가 불편했다. 돈을 벌어 오니 집안일과 육아는 당연히 아내인 내 몫이라는 것이 확고한 남편의 생각이었다. 그러니 남편은 나를 '도와주는 자'였다. 남편이 아이를 보는 횟수와 시간이 늘어날수록 남편의 불만 또한 늘어났다. 돈 벌고 집에 들어와서 아이까지 보는 자상한 남편에게 고마워하기는커녕 당당해 보이는 내 태도가 그에게는 불만이었다.

'내가 시간을 내서 도와주는데 왜 고마워하지 않지?'

당연히 나도 고마웠다. 남편이 나를 이해해 주고 지지해 주는 것만으로도 참 감사했다. 그런데 속상한 마음이 드는 것은 어쩔 수 없었다. 결혼 당시 나도 당당한 직장인이었다. 정년까지 보장된다는 직업을 가졌었다. 그 직업을 가지려고 4년의 대학 생활을 다시 보냈지만 결혼 후 함께 살기 위해 과감히 사표를 냈다. 장거리 연애에 질린 나는 주말부부를 원하지 않았다. 남편이 직장을 그만두는 것보다 내가 그만두는 게 더 나을 것 같았다. 남편 옆에 있을 수 있다면 다른 것은 중요하지 않았다.

그렇게 전혀 아는 사람 없는 곳에서 신혼 생활을 시작했다. 친정과 시댁 어느 쪽에서도 육아의 도움을 받기 힘들었다. 아이가 아직 어리니 무슨 일을 다시 시작해 워킹맘이 되기에도 무리였다. 아이 하나만을 낳았을 뿐인데 몸은 십 년이나 늙은 것 같았다. 그러는 동안 남편은 자신의 고향에서 일을 이어갔다.

내가 공부를 시작한 이후 남편은 나 대신 아이를 보았지만, 그렇다고 남편이 무언가를 잃은 것은 아니었다. 물론 내가 결혼과 함께 포기한 것이 있는 만큼 남편 또한 무언가를 포기해야 한다는 말은 아니다. 하지만 육아에 관해 말하자면 아이는 '우리'의 아이가 아닌가.

여전히 우리는 육아와 살림에 대한 생각의 차이 때문에 다투고는 한다. 아무리 다투고 이야기를 나눠도 좁혀지지 않는 공간도 여전하다. 하지만 나에게 한 번도 공부를 그만두라고 한 적이 없었던 남편을 떠올리면 우리는 여전히 괜찮은 동반자라고 믿는다. 앞으로도 다투는 일은 벌어지겠지만 남편을 동반자로 만들기 위한 노력은 멈추지 않을 것이다. 오늘도 나는 남편과 생각의 차이를 조금씩 좁혀 가며, 절충하는 방안을 찾아가고 있다.

남편이 전해 준
에코백

어느 날 저녁 남편이 퇴근길에 선물을 가져왔다.

"자, 선물이야."

'오늘이 무슨 날인가? 갑자기 웬 선물이지?'

선물이라니 마음이 두근거렸다. 남편이 선물을 사 가지고 들어오는 일은 흔치 않았다. 풀어 보니 투박하지만 실용적인 에코백이었다. 그간 들고 다닌 에코백은 한 번도 빨지 않아 더럽기도 했고 많이 낡았다. 그런데 이렇게 좋은 에코백을 사 들고 오다니. 남편이 사랑스럽게 느껴졌다.

"고마워."

"고맙기는. 덕분에 내가 도서관 다독왕으로 선정돼서 받은 선물이야."

그랬구나. 알고 보니 한 해 동안 도서관에서 책을 가장 많이 빌린 사람에게 준 사은품이었던 것이다.

아이를 낳고 한동안 외출이 힘들자, 남편은 내 대신 도서관에서 책을 빌려다 주곤 했다. 아이를 업고 도서관에 가서 책을 빌려 봐도 되지만, 도서관까지 걸어가기엔 멀었다. 그래서 어쩌다 한번 도서관에 가면 책을 최대한 많이 빌렸다. 마트에서 물건을 싹쓸이 하듯 이 책 저 책 마구 담았다. 그러다 보니 도서관을 나올 때쯤이면 쌀 한 가마니를 어깨에 멘 것 같이 무거웠다. 이런 내 모습을 보고 남편은 자신이 책을 빌려다 준다고 했다. 그런데 남편은 이 말 한 마디가 불러올 파장을 전혀 예상치 못했을 것이다.

대출 목록을 적어 주면, 남편은 퇴근길에 한 보따리씩 책을 빌려다 주었다. 남편은 나의 심부름 때문에 눈썹 휘날리며 도서관에 들러 서고를 헤매면서 한 짐 가득 책을 빌려 왔다. 책 보따리를 보면서 우리는 진격의 '북 셔틀'을 했다며 웃곤 했다.

남편이 책을 한 보따리 빌려 오는 날이면 책을 보는 것만으로도 배가 불렀다. '오늘은 저 책을 먼저 읽어 볼까, 이 책을 먼저 읽어 볼까. 동시에 다 읽어 볼 수는 없을까.' 아이를 재우고 나면 남편이 밖에서 빌려 온 책 한 권으로 세상과 소통하였다. 그때 읽은 책은 경계가 없었다. 마음이 끌리는 대로 역사서, 소설, 전공서 등 다양하게 빌렸다. 세상과 단절된 것 같은 육아의 시간 동안, 나는 내 방식대로 세상과 소통하려고 애썼다.

그렇게 일 년, 남편이 책 심부름을 부지런히 해 준 사이, 남편은 지역 도서관 다독왕으로 선정되었다. 에코백은 다독왕을 위한 선물이었다. 남편은 나중에 크게 성공하면 자신의 공을 잊지 말라고 농담 삼아 말한다. 지나고 나니 우리 가족의 추억이 그렇게 하나 늘었다.

공부의 달인,
공자에게 배우는
공부의 비법

이번에는 아이를 둔 엄마와 공자의 가상 문답을 통해 공부를 시작하기 전 필요한 마음가짐과 공부의 비법을 소개한다.

1 손익 계산을 버려라

아이 엄마 : 저는 유치원과 어린이집에 다니는 아이들의 엄마입니다. 아이들을 기관에 보내면서 이제 조금 제 생활이 생겼어요. 성격상 동네 엄마들하고 어울리지는 못하고, 그렇다고 아이들 봐줄 사람도 없는데 직장을 알아볼 수도 없네요. 오랜만에 생긴 제 시간을 헛되이 보내고 싶지 않아요. 그래서 공부를 해 볼까 하는데 괜히 돈만 들고 얻는 게 없을까 걱정이에요. 제가 아이들 간식으로 가끔 빵을 만들어 주는데요, 아이들이 맛있게 먹는 모습을 볼 때마다 빵을 본격적으로 배워 보고 싶다는 생각이 들어요. 빵 만드는

걸 배우고 싶지만, 시간과 돈을 투자해서 배우고 나면 그 다음에는 어떻게 해야 할까요? 그렇게 투자해서 배울 만한지 잘 모르겠어요.

공자 : "이익만을 따라서 행동하면 원망만 많아집니다."(放於利而行, 多怨, 방어리이행, 다원『논어論語』, 권4 이인里仁)

　엄마들이 자신만의 시간이 생겨도 공부를 시작하지 못하는 까닭은 무엇일까? 머릿속으로 '손익 계산'부터 하기 때문이다. 부지런히 계산기를 두드려 보면 들어가는 비용은 눈에 뻔히 보이나, 결과가 불확실하기 때문에 망설인다. '애들 보내 놓고 공부해서 뭘 하나, 괜히 배우러 다닌다고 교통비, 수강비, 교재비 등 돈만 없애는 거 아닐까? 그 시간에 차라리 애들 반찬이나 간식을 하나 더 준비하는 게 낫지 않을까? 시간 들여 공부했는데 얻는 것이 없을 것 같아.' 등의 생각으로 이것저것 재 보다가 시작조차 못한다.

　결국 "집에서 애 보는 게 돈 버는 거야."라는 말에 동의하며 스스로 '단절 모드'로 들어간다. 맞는 말이다. 공부한답시고 살림과 육아를 다른 사람에게 맡기면 비용이 만만치 않다. 혹은 방치해 버리면 언젠가 가족의 미래를 불행하게 할 수 있다. 부부 중 한 사람은 서로의 합의 하에 살림과 육아에 치중하는 게 가족 전체를 위해 나은 선택일 수도 있다. 밖에 나가 돈을 버는 것도, 집안 살림을 맡는 것도 궁극적으로 행복한 가정을 만들기 위해서이다.

　내 경우를 보자. 아이를 낳고 나서 직장 생활은 꿈도 꿀 수 없었다. 아이를 돌봐 줄 사람이 없었고, 도우미를 고용하기엔 경제력이 뒷받침되지 않았다. 결국 살림과 육아는 내가 맡아야 했다. 그러나 이 시간을 마냥 엄마로서, 주부로서의 경험만을 쌓으며 흘려 보내고 싶지 않았다.

하루 24시간 중 가사 노동에 쏟는 시간은 평균 4시간 정도였다. 4시간 정도 쏟으면 집안 꼴은 그럭저럭 유지되었다. 4시간 이상을 노력해 봤지만 잡지에 나오는, 살림이 반짝반짝 광이 나는 집으로 만들 수 없었다. 그러자 살림 외에 내가 잘할 수 있는 뭔가를 만드는 시간을 가지고 싶었다. 전문적인 능력을 갖추고 싶었다. 그래서 대학원에 원서를 냈다.

만약 그때 손익 계산을 따졌으면 지금의 내 모습은 꿈도 못 꿨을 것이다. 일단 석사, 박사를 하면서 드는 최소 4년의 학비, 그 외에 소소한 비용이 든다. 가끔 밖에서 밥도 먹게 되니 용돈이 더 필요하다. 나는 장학금, 연구 조교, 논문 장려비 등 각종 혜택 덕분에 학비를 최대한 아낄 수 있었지만, 어찌됐든 비용의 문제가 발생한다. 그런데 학위를 받고 나면 어떻게 되겠는가? 당장 대학에 정규직으로 들어가기도 쉽지 않다. 거의 불가능할 수 있다.

학위를 받아도 고액 연봉을 제시하면서 모셔가는 곳도 없다. 학위를 받지 않았으면 그 시간에 드라마를 보거나 사람들을 만나 어울리며 더 재미있는 시간들을 보냈을지도 모른다. 힘들게 논문 쓴다며 스트레스를 받을 필요가 없었을 것이다. 공부 때문에 살림과 육아에 소홀하다는 비난도 때로는 감수해야 한다. 나는 손익 계산에 따르면 손해가 확실한 공부를 하느라 몸무게가 쭉쭉 빠지고 정신없는 삶을 보냈지만 결과는 나쁘진 않다고 생각한다. 궁하면 열린다는 말처럼 각종 장학금 혜택으로 학비를 아낄 수 있었다. 나도 모르게 동시에 살림과 육아, 공부를 하는 인간으로 단련되었다.

그사이 책을 내면서 이벤트 같은 일상을 선물받기도 했다. 운 좋게 대학 강사 자리를 구하면서 밥벌이도 하게 됐다. 부지런히 발품을 팔면, 국가에서 지원을 받아 연구를 하고 돈도 받을 수 있다. 요즘에는 학생들과 만나 이야기를 나누며 새로운 자극을 받는다. 공부를 하면서 쓰는 논문도 투고하고 나면 성취감이 적지 않다. 논문한 편을 쓰는 데 많은 시간이 걸리고 그것으로 돈이 생기는 것은 아니다. 그러나 내 이름을 건 글이 남는다는 것, 또 누군가 그 글을 참고하면 또 다른 공부에 도움이 될 수 있다는 생각만으로도 뿌듯하다.

경제적으로 환산할 수 없을 만큼, 정신적으로 즐거울 때가 많다. 앞으로 죽을 때까지 하고 싶은 공부를 마음껏 하며 살았으면 하는 목표가 생겼다. 목표가 생기니 삶이 허무하지 않다. 명품 가방이 없어도, 좋은 차가 없어도 전혀 기죽지 않는다.

인생은 불확실하다. 그러니 차라리 나중에 덜 후회하는 삶을 택하는 게 낫지 않을까? 적어도 지금 나는, 그때 돈과 시간을 들여 공부한 것을 후회하지 않는다. 만약 손익 계산 결과 공부를 망설이고 시작하지 않았다면, 죽을 때까지 후회하지 않았을까.

그러니 공자는 단호하게 말한다. '이익만을 좇으면 후회가 많다.' 사실 인간의 손익 계산은 정확하지 않다. 아무리 계산기를 두들겨도 정확하지가 않다. 또 계산대로만 삶이 살아지는 게 아니다. 나도 모르게 생기는 변수가 많다. 때로는 이익을 과감히 버리고 마음의 소리에 따라 행동하는 게 나을지도 모른다. 한 치 앞도 모르는 미래를 어떻게 정확하게 알 수 있을까? 좋아하는 일을 하다 보면 자연스럽게 길이 생긴다.

어느 날 블로그를 검색하다 윤기가 흐르는 디저트 사진에 침을 꼴깍 삼킨 적이 있다. 사진으로만 봤는데도 '꼭 먹어 보고 싶다.'는 욕구가 생길 만큼 먹음직했다. 검색해 보니 캐러멜을 응용한 디저트로 유명한 '마망갸또'의 빵이었다.

'사진만 봐도 먹고 싶은 욕구를 불러일으키는 저 디저트는 누가 만드는 것일까?'

유학파 출신의 남자 쉐프를 연상했지만, 주인공은 평범한 가정주부였던 피윤정이라는 사람이었다. 피윤정 씨는 IMF로 직장을 그만두면서 자연스럽게 전업주부가 되었다. 취미로 베이킹을 시작하다가 더 배우고 싶은 욕심이 들었다고 한다. 그리고 손익 계산을 따지기도 전에 실행에 옮겼다. '베이킹을 배우려면 돈이 들 텐데.'가 아니라 '베이킹 배울 돈을 어떻게 마련할까?'라는 생각을 했다. 결국 유모차를 끌고 다니며 동네에 전단지를 붙였다. 전단지를 보고 찾아온 동네 엄마들에게 베이킹을 알려 주기 시작했다.

그렇게 수업을 해서 번 돈을 부지런히 모아 '르 꼬르동 블루'라는 프랑스 전통 요리학교에 다닐 등록금을 마련할 수 있었다. 요리학교를 졸업하고 자신만의 디저트 가게를 차렸다. 그녀가 만약 손익계산을 열심히 두들겼다면 지금의 마망갸또는 없었을 것이다.

'손해 보면 어때.'라는 마음이 아니라 '손해는 절대로 보지 않겠다.'라는 마음이면 공부는 절대 할 수 없다. 지루하게 반복되는 삶에 특별한 변화를 선물하고 싶다면, 손해가 좀 나도 괜찮은 공부를 해야 한다. 돈과 시간은 있다가도 없지만, 힘들게 내 것으로 만든 공부는 절대로 없어지지 않는 나만의 무기가 된다.

2 비전을 가지고 살자

아이 엄마 : 남편은 회사에서 점점 인정받고 있어요. 그게 제 일처럼 기쁘기는 해요. 그런데 남편은 밖에 나가 돈도 잘 벌고 인정받는데 나는 뭐하고 있나 싶어 우울할 때가 있어요. 집안일은 잘해도 표가 안 나고, 못하면 표가 나는 일 같아요. 그렇다고 누가 알아주지도 않고. 남편 보란 듯이 저도 돈도 벌고 인정받고 싶어요.

공자: 사람은 먹는 데 있어서 배부름만을 추구하지 않고, 사는 데 있어서 편안함만을 추구하지 않아야 합니다.(君子食無求飽, 居無求安, 군자식무구포, 거무구안『논어論語』, 권4 학이學而)

공자나 소크라테스는 아주 옛날 사람들이지만 이들은 삶의 본

질을 꿰뚫고 있었다. 그러니까 지혜로운 인류의 스승이라는 찬사를 받고 있는 것이다. 단지 등 따뜻하고 편안하면 그게 전부인가? 물론 금수저, 흙수저 출신을 따지는 현실에서 배부르고 편안한 게 제일일 수 있다. 그러나 인간은 희한한 동물이다. 아무리 배부르고 편안해도 허전함을 느끼는 게 인간이다.

아이 엄마도 인간이다. 남편이 밖에 나가 인정받고 돈 잘 벌어 오니 등 따뜻할 일만 남았는데도, 마음이 싱숭생숭한 것은 당연하다. 야무지게 살림해서 계절에 맞게 남편의 옷을 챙겨 주고 부지런히 내조하는 것이 기쁘다가도, 어느 순간 김이 빠진다. 뭔가 허전한 것이다. 남편의 성장은 동반자로서 같이 즐거워해 줄 일은 맞으나, 그것이 자신의 성장은 결코 될 수 없다. 그러니 엄마들도 현실에 안주하지 말고 자신만의 도약을 해야 한다.

우리 동네에 어느 날 작고 예쁜 떡 가게가 생겼다. 오고 가며 밖을 구경하다 어느 날 안에 들어가 보았다. 단아한 여자 분이 반갑게 맞아 주셨다. 이런저런 이야기를 나누다 보니, 사장님에게 공부 내공이 느껴졌다. 사장님은 대학과 직장에 다니는 두 아이의 엄마였다. 아이들을 키우면서 직장을 다니는 동안 짬짬이 떡 만드는 법을 배웠다고 한다. 여기 저기 떡을 배우러 다니면서 언젠간 아이들도 다 크고, 본인이 직장을 그만뒀을 때 떡을 본격적으로 만들어야겠다는 목표를 세웠다고 한다.

지금은 그 꿈을 이뤘다. 작은 가게지만 그곳에서 그녀는 떡도 만들고, 사람들에게 강의도 하고 있다. 자기 꿈을 이루어 온 과정에 자부심이 느껴졌다. 사장님은 가끔 강의를 하면서 만나는 이들에게, 지금 배우는 게 언젠간 직업이 될 수도 있다고 말해 준다고 한다. 사장님이 살고 싶은 인생을 누릴 수 있게 해 준 것은, 육아와 직장 생활 틈틈이 했던 공부였을 것이다.

이처럼 엄마도 비전을 가져야 한다. 아이도 어느 정도 크면 독립할 준비를 한다. 남편도 아내도 각자가 즐길 수 있는 삶이 있어야 한다. 그러기 위해서는 엄마에게도 자신의 인생이 필요하다. 공부는 미래에 대한 전망을 하나씩 그려가는 일이다. 당장의 배부름, 편안함의 유혹에 넘어가 자신에 대한 투자를 게을리하지 말자.

이때 주의할 점이 있다. '공부를 정말 하고 싶은가?' '왜 공부를 하려고 하는가.'에 대한 물음을 끊임없이 해야 한다. 공부를 하는 가장 중요한 이유는 '지금 현재'에 충실히 살려는 것임을 잊지 말아야 한다. 기를 쓰고 공부했는데, 지나고 나니 아이들이 자라는 동안의 추억이 생각나지 않는다면 어떤 마음일까? 어쩌다 이런 일이 생기게 된 것일까? 미래를 위한다는 이유로 현재를 희생하고, 전쟁 치르듯 공부를 이어 가는 것은 진정한 공부가 아니다.

만약 그렇게 현재를 포기했는데도 불구하고, 원하는 '미래의 모습'이 나타나지 않는다면 공부하는 이유를 다시 물어봐야 한다. 공부를 하는 까닭은 그 힘든 상황에서도 공부하는 '현재 내 모습'이 즐겁거나 뿌듯하기 때문임을 잊어서는 안 된다.

당장 필요한 것,
워킹화

공부의 목표와 방향을 결정했다면 이제 필요한 것은 무엇일까? 바로 체력이다. 전업맘이든 워킹맘이든 엄마들은 몸과 마음이 방전되기 직전인 경우가 많다. 회사로 치면 야근과 주말 잔업이 끊이지 않고 이어지는 상황이기 때문이다. 비정기적으로 각종 행사에 노동력을 쏟고 와야 할 때도 많다. 김장하기, 명절 음식 만들기 등 집안 행사가 분기별로 기다리고 있다. 엄마들이 공부를 꿈도 못 꾸는 이유는 체력이 딸려서이다. 남이 해 준 밥이 최고로 맛있을 만큼, 누가 조금이라도 엄마의 일을 덜어 주면 만사형통일 텐데, 혼자 에너지를 가동해야 하는 공부를 시작할 수 있겠는가.

엄마들이 정신력으로 버티는 데에도 한계가 있다. 기본 체력이 뒷받침되지 않으면 정신력은 꺼내 쓸 수도 없다. 그러나 무엇보다 큰 문제는 따로 운동을 할 시간적 여유가 없다는 것이다. 큰맘 먹고 헬스장을 등록해도 제대로 못 가기 일쑤다. 더구나 그것도 돈이 아깝다는 생각에 쉽게 등록하지도 않는다. 그러면 어떻게 해야 할까? 틈틈이 건강 관리를 하는 수밖에 없다.

우선 멋 부릴 생각은 버리고 아주 편한 워킹화를 신고 다니자. 요즘 엄마들은 전혀 아이 엄마같이 보이지 않는 경우가 많다. 아이 엄마들도 세련되게 스타일을 낸다. 그러다 보니 신발도 기능보다는 예쁜 것을 선호하는 경우가 많다. 물론 힐을 신으며 기분 전환하고 싶을 때도 있을 것이다. 하지만 평소에는 워킹화를 신고 다니자. 아이를 등·하원시킬 때, 장 보러 갈 때 워킹화를 신고 스트레스를 털어 낸다는 기분으로 걷다 보면, 다리와 허리에 근육이 생긴다. 스트레스를 줄일 수도 있다. 가만히 있으면 소화가 더딜 텐데 자연스럽게 소화시켜 주니, 밥맛도 좋아진다. 몸이 가벼워지니 마음도 가벼워진다.

나는 아이를 유치원에 데려다주고 나면 동네를 10분 정도 걸었다. 의외로 10분은 길었다. 늘 시간에 쫓겨서 5분도 걷지 않았기에 10분은 길게 느껴졌다. 시간도 없는데 그만 걷고 집에 돌아갈까 주저하곤 했다. 하지만 운동을 하겠다고 마음을 다잡고 10분 동안 빠른 걸음으로 걷다 보니, 어느 날은 동네를 몇 바퀴를 걷기도 했다. 걷다 보면 하늘이 저렇게 파랬는지 감탄하기도 한다. 그동안 못 보던 가게를 발견하는 재미도 있다.

고민이 많은 날에는 30분 넘게 산책을 했다. 그렇게 아무 생각 없이 걷다 보면 허리도 펴지고 가슴 속 답답했던 고민들도 별 것 아닌 일이 된다. 걷기의 재미를 알게 된 후에는 장을 보러 갈 때에도 일부러 돌아서 간다. 조금이라도 더 걷기 위해서다. 시간 내기가 힘든 날이면 아이를 데리러 갈 때 10분만 일찍 나와 동네를 걸었다.

공부가 잘 안될 때는 운동화를 신고 무작정 걸어보자. 지금 가고 있는 길이 맞는 것인지 확신이 서지 않을 때면, 햇볕을 쬐고 생각 없이 걸어 보는 것이다. 몸을 움직이다 보면 오히려 생각이 정리되고 다시 의욕이 생기기도 한다. 시간이 부족하다고 공부 시간에만 연연하면 몸을 망치게 될 수도 있다는 것을 기억하자.

힘이 되어 주는
한마디

아이가 돌이 안 된 갓난아기였을 때다. 남편이 출근하고 나면 하루 종일 집안에 아기와 나 둘뿐이었다. 혼자 있는 시간을 좋아하는 성격이지만 아는 사람 없는 타지에서 홀로 육아의 시간을 감내하기에는 몸과 마음이 모두 버거웠다. 아기를 데리고 외출하는 것도 쉽지 않았다. 혼자가 아닌 둘인데도 이상하게 외로웠다. 정확히 말하자면, 외롭기보다 갓난아기를 돌본다는 책임감에 약간의 두려움과 긴장감을 느꼈다. 마음은 쉽게 허기졌다. 그런데 어느 날 친구 미진에게서 전화가 왔다. 미진이는 벌써 두 아이의 엄마, 동갑이지만 선배 엄마였다.

"그래 수진아, 밥은 먹고 사니?"

친구는 그냥 별 뜻 없이 지나가면서 한 말이었는지 모른다. 그러나 나는 이 한마디에 눈물이 주르륵 흘렀다. 밥은 분명 먹고 지내는데 뭔가를 적극적으로 해 볼 의욕은 하나도 없었다. 친구의 한마디에 나는 친정 엄마에게 하소연하듯 그간의 심경을 토로했다. 그날의 통화 내용이 정확히 기억나진 않지만, 제대로 밥도 못 먹고 지낸다는 얘기를 했을 것이다. 전화기 너머 들리는 친구의 따뜻한 목소리를 듣고 나자 힘이 솟았다. 그런데 2~3시간 후 집으로 퀵서비스 배달이 왔다. 반찬통 여러 개가 상자에 담겨 있었다.

친구는 밥을 제대로 먹지 못한다는 내가 걱정됐는지 그날 저녁을 준비하면서 내 반찬까지 해서 보내 줬다. 반찬통에는 두부 부침을 비롯해 각종 반찬이 꾹꾹 담겨 있었다. 일상의 소박한 반찬들이었다. 그 자리에서 나는 밥을 뚝딱 해치웠다. 오랜만에 밥다운 밥을 먹은 것 같았다. 눈물을 삼키면서 밥을 꼭꼭 씹었다.

'그래. 나는 엄마잖아. 엄마가 이렇게 약하면 되나. 강해지자.'

이때부터였나 보다. 나는 그동안 마음속으로만 생각한 여행 책 원고를 본격적으로 쓰기 시작했다. 아기가 낮잠을 자는 동안, 메모지와 컴퓨터에 부지런히 손을 놀렸다. 책을 쓰기 위해서는 여러 가지 공부할 일들이 생겼다. 그 와중에 틈틈이 석사 논문을 구상하기 시작했다.

인터넷에서 이런 글을 본 적이 있다. '아가씨는 뱃속의 허기로 밥을 먹지만 아줌마는 가슴속 허기로 밥을 먹는다.' 이 문장을 보고 그저 웃음이 나왔다. '배가 고프지 않은데 먹어도 먹어도 달달한 게 땡기는 이유가 이거였구나.' 그렇지만 가슴속이 허하다고 자꾸 뱃속에 밥을 넣으면 살이 찔 뿐이다. 채워야 할 번지수가 잘못됐기에 마음은 계속 허하다. 이럴 때는 마음을 채워야 한다.

공부란 내 삶을 내 힘으로 오롯이 살아가기 위한 소박한 시도다. 내 의지와 상관없이 살아가는 삶에 저항하고픈 마음에서 비롯된다. 후회 없이 행복하게 살기 위해서 자신을 이해하고 알아 가고 채워 가는 일이다. 공부를 한다고 외골수처럼 자기만의 방에 있을 이유는 없다. 인생은 결코 혼자 살아갈 수 없는 법, 적절히 지인이 내미는 손을 잡기도 하고, 내가 손을 내밀기도 하면서 함께 걸어가야 한다.

절박함이
발휘하는 힘

『태도에 관하여』(한겨레출판, 2015)의 작가 임경선은 지금 3막 1장을 살고 있다. 일본 유학 시절에만 해도 학자가 되겠다는 꿈이 간절했다. 그러나 스무 살에 발병한 갑상선암이 문제였다. 잇따른 암 수술로 공부를 계속할 체력이 남아나지 않았다. 결국 교수의 꿈을 포기해야 했다. 그나마 재발하지 않은 게 다행이었다.

몸이 괜찮아지자 취업을 선택했다. 못 이룬 꿈에 대한 열정을 회사에서 쏟아부었다. 잘나가는 커리어 우먼으로 성공하려는 순간, 드라마 공식같이 암이 재발하였다. 더 이상 바쁜 직장 생활은 무리였다. 게다가 그사이 그녀는 결혼해 한 아이의 엄마가 되었다. 본인의 의지대로 할 수 있는 게 없었다. 암 수술만 다섯 번째. 뚝심으로 버텨 봤지만 극심한 우울과 분노의 감정을 피할 수가 없었다.

현재 그녀의 공식 직업은 작가, 칼럼니스트이다. 암 수술을 다섯 번이나 했다고는 믿기 어려울 만큼 생기 있고 젊어 보인다. 동글

동글하고 앳된 얼굴, 야무지고 귀여운 인상을 가졌다. 그녀는 각종 매체를 종횡무진하며 독특하고 날카로운 자신의 생각을 전하고 있다. 물론 그녀를 끈질기게 괴롭혔던 암은 완치되지 않았다. 언제 암이 불쑥 나타날지 모르는 상황에서 어떻게 그녀는 작가로 변신한 것일까?

임경선은 분명히 글쓰기에 타고난 재능이 있어 보인다. 그러지 않고서야 그렇게 멋진 글을 뚝딱 써낼 수 없을 것 같다. 그러나 그녀의 세 번째 직업은 재능과 소질이 아닌 '절박함'에서 비롯되었다. 먼저 임경선은 자신의 한계를 그대로 인정하였다. 사실 나의 한계를 객관적으로 바라보고 인정하는 것이 쉽지는 않다.

그저 몸이 너무 약해 출근을 못하게 된 한 인간이 지푸라기라도 잡는 심정으로 뭐라도 해 볼 수 있는 게 없을까 해서 시작한 것뿐이다. 다시 말해 한 가지 확실한 것은 그 지긋지긋한 네 번의 암 재발 수술을 받을 일이 없었더라면 지금의 나는 분명히 책을 쓰는 사람이 아니었을 것이라는 점이다. 작가가 될 수 있었던 것은 순전히 갑상선암이라는 끈질긴 친구 덕분이다.[*]

이전까지 그녀는 한 번도 작가를 꿈꾼 적이 없었다고 한다. 글에

---

[*] 채널예스, 임경선의 성실한 작가생활, 건강하지 못한 계기(http://ch.yes24.com/Article/View/30986)

소질이 있다고 여긴 적도 없었단다. 그런 그녀가 작가가 된 계기는 단 하나 절박함 때문이었다. 언제 몸이 또 나빠질지 모르니 치열한 직장 생활은 무리였다. 자기 몸을 돌보기도 버겁지만, 엄마이기에 돌봐야 할 아이까지 있었다. 아이와 자신을 위해 철저히 자기 관리를 해야 했다. 시간과 장소에 구애받지 않고 몸 상태에 따라 할 수 있는 일을 찾다 보니 직업 작가가 눈에 들어온 것이다. 어떻게 하면 현실에 절망하지 않고 한계를 극복할 수 있는 일을 할 수 있을까 절실하게 고민한 결과였다.

성공한 사람들을 보면서 우리는 그들이 소질 있는 분야를 찾아 일을 선택했다고 착각한다. 노래에 소질이 있어 가수가 되고, 공부에 소질이 있어 교수가 되었다고 생각한다. 그러나 이는 착각이다. 물론 소질까지 더하면 금상첨화겠지만 소질에 대한 확신 없이 일을 선택하는 경우도 많다. 소질이 있어서 그 일을 하는 게 아니라, 그 일을 꼭 해야 한다고 여기기 때문에 그 일을 찾는 것이다. 아무리 적성과 능력이 뛰어나도 절박함이 없다면 오래가지 못한다. 재능과 적성을 믿고 제자리에 멈출 뿐, 뜀박질을 시도하지 않게 된다. 이거 아니면 안 된다는 간절함이 소질과 능력을 압도하게 된다.

임경선의 경우도 그랬다. 주어진 상황에서 할 수 있는 게 글쓰기밖에 없으니 지푸라기라도 잡는 심정으로 글을 썼다. 몸이 아프다는 것, 언제 또 아플지 모른다는 것, 가정주부로서 아이를 돌봐야하는 아이 엄마라는 것은 변하지 않는 사실이었다. 그녀는 자신의 한계 상황을 객관적으로 바라보았다. 슬퍼하거나 괴로워하는 삶을 선택하지 않고, 현실에서 가능한 대안을 찾으려고 노력했다. 그리고 잠시라도 혼자만의 시간을 갖게 되면 부지런히 글을 읽고 글을 썼다.

엄마이기 때문에 바쁘다는 이유를 대며 희망을 잃지 않았다. 몸이 아프다는 이유로 자존감을 버리지 않았다. 오히려 아픈 동안 삶을 되돌아보았다. 어떻게 하면 그 상황을 견딜 수 있을지 고민했을 것이다. 자신이 왜 살아야 하는지 이유를 찾고자 했을 것이다. 그렇게 그녀는 인생의 의미를 찾으려고 공부했고 공부를 하면서 자신의 삶을 변화시켰다. 돌고 돌아 작가로서의 삶을 살아가게 된 것이었다.

늦었다고 할 때가
빠른 법,
엄마의 늦깎이 인생

인생을 많이 산 것은 아니지만 돌이켜 보면 나는 늘 늦깎이였다. 수능을 세 번이나 치렀으면서도 뭘 하고 싶은지 뒤늦게야 알 수 있었다. 게다가 출산과 육아를 하고 나서야 또 한번 진정 하고 싶은 일을 확인했다. 막 공부를 시작할 때는 나이가 많게 느껴졌지만, 지나고 나면 그 나이도 돌아오지 않는 청춘에 가까웠다. 40대가 되면 30대가 젊었음을, 50대가 되면 40대가 또 젊었음을 새삼 느끼며, 왜 그때라도 도전해 보지 않았을까 후회하기 마련이다.

엄마가 공부를 할 때 필요한 것은 자신의 현 위치를 잊는 것이다. 나이, 재산, 직업 등 현재 자신을 나타내는 객관적인 기준은 잊어버리자. 이런 수치들이 때론 나를 안심시키기도, 불안하게 하기도 하지만 절대적이지는 않다. 특히 나이에 대한 생각을 버려야 한다. 공부에 적당한 나이란 애초 있지 않다. 다 때가 되면 하는 것이다. 그 '때'라는 것은 누군가에게 일찍 찾아올 수도 있고, 늦게 찾아올 수도 있다.

75세에 미술 공부를 시작해 101세까지 작가로 활동한 모지스 (Anna Mary Robertson Moses, 1860~1961) 할머니를 보면 공부를 시작하는 데에 나이가 중요하지 않음을 실감한다. 늦게 시작한 미술 공부였지만 모지스 할머니가 세상에 남긴 작품은 무려 천여 점이 넘는다. 할머니는 미국의 국민 화가라 불릴 만큼 지금까지도 많은 사랑을 받고 있다. 그녀는 일상 속 사람들의 모습, 자신이 살았던 마을 풍경들을 섬세하고 따뜻하게 표현했다. 그간 살아오면서 겪었던 일들을 아기자기하게 그림 속에 담았다.

할머니가 그림을 배우지 않았다면 어땠을까? 아마 남은 생을 외롭게 살았을 가능성이 높다. 할머니가 그림을 시작한 이유는 외로움과 육체적 고통 때문이었다고 한다. 가족들이 곁을 떠나 혼자가 되자 우울했다. 게다가 오랫동안 일해서인지 관절염으로 고생했다. 외로움을 달래고 손을 덜 쓰는 일을 생각하다 보니, 그림 공부가 제격이었던 것이다. 그림을 그리면서 즐거웠던 옛 생각을 떠올리면 행복해졌다. 몸을 덜 쓰니 붓질은 그나마 괜찮았다.

미국에 모지스 할머니가 있다면 우리나라에도 이에 못지않은 열정을 지닌 할머니들이 있다. 대표적 인물이 김영희 할머니다. 할머니는 예순이 넘어서야 한글을 배우기 시작했다. 할머니가 글공부를 시작했을 때 분명 비웃는 이들도 있었을 것이다. 그런데 김영희 할머니에게는 그것이 끝이 아니었다. 이내 검정고시로 초·중·고등학교를 졸업하고 거기다 방송통신대까지 진학했다. 그리고

78세에 대학을 졸업했다. 이후 할머니는 멋지게 수필가이자 시인이 되었다. 작가로 등단한 것이다.

어쩌면 인생의 끝을 준비할 때인데, 할머니는 공부하느라 여념이 없었다. 한때 유행하던 노래 가사 '아직은 못 간다고 전해라~'가 떠오를 만큼, 할머니의 노년은 전형적인 노년과 달라 보인다. 누가 이분에게 '나이'를 따질 수 있겠는가. 이렇게 할머니가 공부를 한 이유는 무엇일까? 인생이 무료해서 공부에 손을 댄 것일까? 전혀 아니다. 할머니는 할아버지가 돌아가시고 나서 40년 넘게 홀로 생활해야 했다. 집에 먹을 게 없어 물로 배를 채워야 할 만큼 가난했다.

그동안 홀로 아이들까지 키우느라 온갖 고생을 다 하셨을 것이다. 할머니에게 여유가 있어 대학까지 가고 시까지 쓰게 된 게 아니다. 그리 넉넉하지 않은 형편이었지만, 한번 공부를 접해 보니 이거야말로 신세계였던 것이다. 공부를 하는 순간에는 힘들었던 지난날도 아련하게 여겨졌다고 한다. 공부를 하다 보니 그동안 표현하지 못했던 생각들을 정리할 수 있었다. 생각이 커지고 시야가 넓어지니 하고 싶은 일들도 더 많아졌을 것이다.

"그러니까 어렵다고 해서 공부를 못 하는 것은 아니고, 자기 마음먹기에 달려 있고 노력하기에 달려 있는 것 같아요. 모든 일은."*

---

* YTN 라디오, 곽수종의 뉴스 정면승부 인터뷰, 85세의 나이로 시인 등단, "배우는 즐거움 끝이 없어요"-김영희 할머니 시인(http://radio.ytn.co.kr/program/index.php?f=2&id=37672&s_mcd=0263&s_hcd=01)

할머니는 한 라디오 프로그램에 출연해 공부하는 인생이 얼마나 재밌는지 청취자들에게 들려준 적이 있다. 할머니는 공부를 하니 세상과 더욱 소통할 수 있게 됐다면서, 힘들다고 울지 말고 공부하라고 말씀하신다. 할머니는 공부를 하면서 '울어 봤자'라는 진리를 체득하신 것이다. 힘들다고 아픈 소리를 해도 상황은 나아지지 않는다. 어떻게 하면 지금 상황을 좀 더 낫게 만들 것인지 생각하는 편이 백 배 천 배 낫다. 그러니 할머니에 비하자면 30대, 40대의 나이는 아무것도 아니다. 모지스 할머니나 김영희 할머니 앞에서 나이가 많아 못 하겠다는 말은 꺼낼 수도 없다.

우리나라 인문학자 중 여성으로서 뛰어난 학문적 업적을 보여주고 있는 정옥자 교수의 경우는 내 롤모델인 분이다. 그분은 서울대학교 국사학과 최초의 여교수였고, 최초의 규장각 여성 관장이었다. 게다가 최초의 국사 편찬 위원장이었다. 글솜씨도 좋아 명저로 꼽히는 책들도 썼다. 나는 그분의 화려한 이력보다는 남다른 인생에 주목했다. 정옥자 교수는 아이 엄마가 되고 나서야 본격적으로 공부를 시작했다. 세 아이의 엄마일 때였다. 아이를 키우는 동안 공부가 굉장히 하고 싶어 일주일에 세 번씩 한문을 배우기 시작한 것이다. 뒤늦게 대학원에 진학하였지만 엄마니까 공부를 포기해야겠다는 생각은 하지 않았다.

주위의 시선에도 아랑곳하지 않고 묵묵히 육아와 살림, 공부에 매진한 결과 '여성 최초'라는 타이틀의 주인공이 되었다. 정옥자 교수의 인생 이야기를 접했을 때 아이 엄마 또한 자기 자신만의 인생을 개척할 수 있다는 희망을 엿볼 수 있었다. 엄마니까 그림자 노동에 만족하라는 법은 없다.

앞서 소개한 분들의 공부에 비하면 나의 공부는 아직 미미하지만, 나 역시 공부를 시작하니 재미있는 일들이 우연찮게 줄줄이 찾아온다. 그 맛에 주위의 시선에도 아랑곳하지 않고 공부를 하게 되는 것이다. 선택은 당신의 몫이다. 언제 이 세상을 떠날 줄은 아무도 모른다. 죽기 전에 한번 해보고 싶었던 공부를 시작해 보는 게 어떨까?

당신에게 공부란?

'육아도 어려운데 공부까지 하다니, 나 정말 멋있는 것 같아.'

공부를 시작하면서 때로는 이런 자아도취에 빠질 때가 있다. 그런데 나의 실상은 한심한 수준이다. 아이의 준비물을 꼼꼼하게 챙기지 못하고 어린이집에 보낸 날도 많았다. 아이의 하원 시간에 지각하기 일쑤였다. 나는 전업맘인데도 아이가 꾀죄죄할 때도 있었다. 나는 나대로 결혼 전보다 10kg이나 살이 빠져 '급노안'이 찾아왔다. 공부한답시고 반찬이 부실해지니 남편은 그동안의 서운함까지 몰아서 원망을 했다. 공부하는 내 꿈은 학자가 되는 것이었지만, 학자는 열망만으로는 결코 얻을 수 있는 타이틀이 아님을 알고 절망하기도 했다.

'지금 내 처지에 무슨 공부를 한다고.'

괜히 공부한다며 이도 저도 아닌 삶을 사는 것은 아닌지 무서워졌다. 갑자기 흥이 나지 않았다. 그런데 딱히 할 것도 없었다. 슬럼

프가 온 것일까? 공부를 잠시 접고 도서관에 가 보았다. 책을 뒤적거리다 발견한 『현대가족 이야기』(이가서, 2004)라는 책의 저자가 눈에 들어왔다. 바로 여성학자 조주은 씨다. 그분의 삶을 접하니 눈이 번쩍이는 기분이었다. 그분의 다른 책도 찾아 보았다.

'지금까지의 내 열정은 이 사람에 비하면 아무것도 아니구나.'

여성학자 조주은은 현재 국회 입법 조사관으로 활동 중이다. 나보다 먼저 엄마가 되었고, 나보다 더 혹독하게 공부하는 엄마로 살아왔다. 그녀의 이야기를 잠깐 소개하자면 이렇다. 조주은 씨는 서울에서 태어나 대학도 직장도 서울에서 다녔다. 그러다 울산 현대자동차 생산직 근로자인 남편과 결혼을 하면서 직장을 그만두고 울산에서 신혼 생활을 시작하였다. 그리고 연년생 두 아이의 엄마가 되었다.

생산직 노동자를 남편으로 둔 아내들은 대개 생활이 정해져 있다. 고생하는 남편을 최대한 내조하고 남편 몫까지 해내며 자녀들을 키우는 삶이다. 그런데 조주은 씨는 얼마 못 가 내조를 그만둔다. 공부를 해야겠다고 결심했고, 아침 첫 기차를 타고 서울을 오가며 지냈다. 『현대가족 이야기』는 그녀가 엄마이자 아내이자 며느리로서 분주하게 지내면서 악착같이 공부하던 분투기를 다룬 책이다. 엄마이기에 더 잘 아는 내밀한 경험을 바탕으로 학위 논문을 완성할 수 있었다는 내용도 있다. 쉽지 않았을 것이다.

하루는 그녀가 몸이 너무 안 좋아 다른 날보다 일찍 집에 들어가 누워 있었다. 그런데 밖에서 '딩동'하면서 초인종을 누르는 소리가 들렸다. 아이는 엄마가 공부하러 간다는 것을 알고 있기에 열쇠를 가지고 다녔다. 누구일까 궁금하던 차에 아이가 '엄마'라고 부르는 소리가 들렸다. '내가 오늘 일찍 집에 온 것을 어떻게 알았지?' 그런데 아이는 엄마가 집에 있는 것을 알고 부른 게 아니었다. 아이는 엄마가 없는 집에 들어오기 전 현관 앞에서 날마다 '엄마'라고 부르며 초인종을 눌렀던 것이다. 그렇게 엄마를 불러 본 후 열쇠를 꺼내 집에 들어오곤 했다. 아직 엄마 품을 많이 필요로 하는 아이였던 것이다. 그때 그녀의 마음은 어땠을까? 이 부분을 읽으면서 나는 눈물이 났다.

'엄마가 공부를 한다는 게 쉽지 않구나.' 초인종을 누르며 집에 들어갔을 아이의 모습에 또 한숨이 나왔다. '저 어린 것이 오죽하면.' 조주은 씨는 이런 상황에서도 다시 마음을 굳게 먹고 공부를 강행했다. 그 결과 지금은 여성학 분야에서 활발하게 활동 중이다.

슬럼프 시기에 나는 조주은 씨의 책과 논문, 기사들을 읽으면서 위안을 얻었다. 그러면서 내 자신을 객관적으로 되돌아보았다. 그리고 한 가지 결론을 내렸다. 엄마에게 공부는 거품이 아니라 생존이어야 한다.

엄마가 공부를 하게 된 계기는 다양할 것이다. 각자의 상황도 제각각일 것이다. 어찌됐든 과정은 비슷하다. 정도의 차이는 있겠지만 공부를 한다고 포기하고 희생해야 하는 부분이 있다. 어쩌면 나도 공부한답시고 아이의 욕구를 지나쳤을지도 모른다. 빈집에서 엄마를 찾듯, 공부한다고 딴 세계를 오고 가는 엄마를 찾고 있을 아이가 눈에 밟혔다. 이런 것을 감수하고 공부를 해야 하는 이유는 무엇일까?

하루는 아이가 지나가듯 내게 말을 걸었다.

"엄마는 왜 공부해?"

마침 아이는 자기가 좋아하는 종이접기에 한창이었다. 종이를 접다 갑자기 내게 물어보고 싶었나 보다. 공부가 뭔지도 모르는 아이였지만 그래도 엄마가 공부라는 것을 한다고는 알고 있었다.

"엄마가 지금 종이접기 못 하게 하면 기분이 어떨 것 같아?"

"속상할 것 같아. 나는 종이접기 하고 싶어."

"엄마도 마찬가지야. 엄마도 공부가 하고 싶어서 하는 거야."

"그럼 나는 종이접기 하고, 엄마는 공부해."

아이는 각자 좋아하는 것을 해야 한다는 소박한 생각을 가지고 있었다. 그런데 좋아하는 것만을 하며 살 수 없다는 것도 어렴풋이 안다. 종이접기를 하다가도 밥을 먹어야 할 때는 잠시 그만두어야 한다. 종이접기를 하다 생긴 종이들이 집안을 너무 어지럽히지 않도록 가끔 정리도 해야 한다는 것을 안다.

엄마의 공부도 마찬가지 아닐까? 누구나 좋아하는 것을 할 수 있어야 한다. 하지만 균형을 맞추는 일도 중요하다. 균형을 맞추는 방법은 개개인이 다를 것이다. 내 경우 반찬을 끼니마다 제대로 차리는 것을 포기했다. 외식도 하고, 반찬을 사기도 한다. 대신 주말에는 평일에 엄두도 못 내는 음식 솜씨를 발휘해 보려고 노력한다.

서로 조금씩 양보하고 각자의 꿈을 지지해 주는 삶이 더 많아지기
를 희망해 본다.

MEMO

공부 계획을 적어 보자

2장

당당하게
공부하는
엄마가
되자

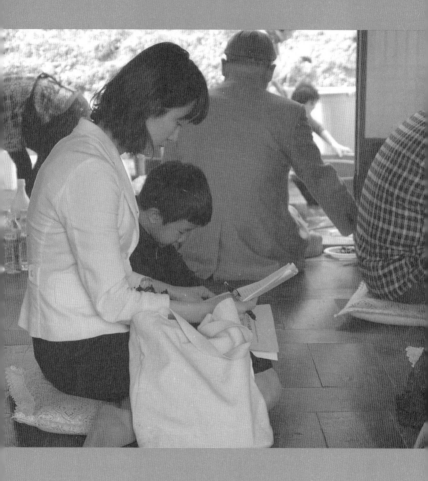

조선 시대에도 공부하는 엄마가 있었다

철없던 학창 시절엔 공부가 하기 싫어 조선 시대를 상상하곤 했다. 수능이 없었으니 각종 시험도 '야자'도 없었을 것이다. 무거운 가방 들고 학교에 꼬박꼬박 갈 일도 없으니 숙제도 당연히 없었을 텐데. 내가 시대를 잘못 태어났다며 한탄하기까지 했으니 참으로 순진했다. 역사책을 들여다보면 가기 싫은 학교라도 다닐 수 있는 지금이, 훨씬 더 나은 삶임을 알 수 있다.

조선 시대에 태어났으면 어느 양반집 노비가 되어 주야장천 일만 했을지도 모른다. 얼굴도 본 적 없는 사람에게 어린 나이에 시집가 평생 일만 했을지도 모른다. 생각하기도 싫지만 정치적 역풍에 휘말려 외딴 섬에서 쓸쓸히 갇혀 지냈을 수도 있다. 금수저와는 거리가 먼 삶이지만, 지금이 더 좋지 않은가. 그래, 지금이 더 나은 것 같다. 그런데 정말 확신할 수 있을까? 특히 여자, 엄마로서의 삶의 질은 옛 시대의 선배 엄마들보다 얼마나 더 좋아졌는지 궁금할 때가 있다. 전반적으로 보면 분명히 옛날보다 나은 것 같지만, 엄마로서의 삶은 얼마나 살만해진 것인지 고개를 갸우뚱할 때가 많다. 비교하려면 비교 대상이 있어야 하는 법, 그리고 보니 머릿속에 떠오르는 '옛날 엄마'가 거의 없다. 신사임당 정도?

도대체 지구상의 반절이나 되는 남자들을 낳았을 엄마들의 흔적은 어디에서 찾을 수 있는가. 역사책의 대다수는 엄마들이 낳은 남자들의 이야기로 도배될 뿐, 정작 그 엄마들의 흔적은 겨우 이름뿐인 경우가 많다. 그것도 진주 이씨, 전주 김씨 등으로만 적혀 있을 뿐이다. 이것만 봐도 옛날 엄마들의 삶이 대충 그려진다. 남편과 자식, 가문을 위해 헌신하느라 자신을 드러낼 기회가 없었을 것이다. 그래도 아주 가끔 자신을 드러내려고 말 그대로 '고군분투' 했던 엄마도 있었다. 그러나 도움은커녕 비난만 받아 마음을 접는 일이 허다했을 것이다. 이런 게 여자, 엄마의 삶이라며 체념했을 것이다.

화서 이항로(李恒老, 1792~1868)는 조선 말기를 대표하는 유학자이다. 사학자들은 이항로와 그의 제자들을 화서학파라고 부른다. 화서학파는 옳다고 여긴 신념을 대쪽같이 지키기로 유명했다. 이들은 개화기 위정척사 사상을 실천한 자들이었다. 화서학파의 대표적 인물로는 의병 활동을 하다 대마도에서 순국한 최익현이 있다. 화서학파의 수장인 이항로는 소신을 굽히지 않는 원칙주의자였다. 한 성격했던 흥선 대원군마저 이항로를 부담스러워 할 정도였다. 이항로는 학자이자 스승으로서 뭇사람들의 존경을 받았지만 여성 교육에 관해서는 당시의 보수적 통념에서 벗어나지 못했다.

어느 날 이항로는 시집간 둘째 딸, 벽진 이씨에게 편지를 썼다. 당시 벽진 이씨는 가난한 선비의 아내이자 자녀 셋을 둔 엄마였다. 시집간 딸이 애틋하고 그리웠던 것일까? 그러나 편지를 보면 다정다감한 친정아버지의 모습을 기대할 수 없다. 그렇다면 이항로는 왜 시집간 딸에게 편지를 쓴 것일까? 벽진 이씨의 남편은 사실상 백수였다. 잠자고 밥 먹는 시간 외에 하는 일이라고는 앉아서 책 읽는 것밖에 없었다. 독서 외에는 할 줄 아는 것도 없었고, 일찌감치 벼슬길은 포기한 상태였다. 지금으로 치면 건물주나 가능한 생활이지만, 집안에 돈이 있는 것도 아니었다.

벽진 이씨의 남편처럼 가난한 선비의 삶은 나라님도 구제해 줄 방법이 없었다. 조선 중기 이후로 길수록 양반들의 빈익빈 부익부 현상이 뚜렷해졌다. 소수의 집안만이 벼슬과 재산을 독식했고 대다수 양반은 서민들보다도 못한 궁색한 삶을 살아갔다. 집안 대대로 물려받은 땅이 있거나 벼슬을 하며 봉급을 받지 않는 이상, 지지리도 가난한 선비들이 많았다. 오죽하면 돈 안 되는 양반을 사고파는 일들이 속출했을까.

벽진 이씨의 남편은 무늬만 양반이지 '한 푼어치도 안 되는 한심한 양반'에 가까웠다. 생활비를 주지도 않고 그렇다고 집안일과 육아를 적극 책임졌다는 기록도 찾기 힘들다. 벽진 이씨가 실질적 가장이었다. 벽진 이씨는 외벌이에 집안일과 육아까지 도합 3종 세

트를 담당했다. 생계를 위해 그녀가 한 일은 길쌈이었다. 길쌈은 조선시대 아녀자들이 가계 살림에 보탬이 되기 위해 한 일종의 가내 수공업이다. 그런데 그녀는 다른 아녀자들처럼 길쌈만 하지는 않았나 보다. 독박 살림과 독박 육아만으로도 기력이 남아있지 않았을 텐데 이 와중에 자아실현을 위한 '공부'까지 병행했던 것이다. 틈틈이 글공부를 한다는 소리가 친정아버지 귀에까지 들어갔고 아니나 다를까 당장 아버지의 호통이 뒤따랐다.

"앞으로 글로 먹고살 작정인 것이냐?"

이항로가 시집간 딸에게 쓴 편지를 보면 당시 결혼한 여자들의 일반적인 삶을 짐작할 수 있다. 아이를 낳아 잘 기르고 남편이 공부나 바깥일에 전념할 수 있도록 가정 살림을 책임지는, 그야말로 최강 울트라 슈퍼우먼으로 살아가야 했다. 그런데 선비의 아내이자 세 아이의 엄마인 벽진 이씨는 무엇보다 글공부가 우선이었나 보다. 그래서 사돈 뵙기 민망했을 이항로는 두 가지 이유를 들어 딸이 공부를 그만두도록 설득했다. 하나는 글공부만 해서는 생계를 꾸릴 수 없다는 것이 그 이유였다.

"부지런히 살림하지 않으면 부모를 춥고 굶주리게 하고 자식을 궁핍에 빠뜨려 집안을 구렁텅이에 빠뜨릴 것이다."

한마디로 '가만히 앉아만 있다가는 가족들 죄다 굶길 테니 정신차리라.'는 훈계였다. 게다가 이항로는 자신 또한 글공부만 한 게 아니라 부지런히 생계를 꾸려갔다고 말한다. 낮에는 일하고 밤에 공부하면서 생업과 공부, 이 두 가지를 놓치지 않았다고 한다. 자신이 그토록 부지런히 일한 이유는 식구들을 궁핍하게 살아가도록 놔둘 수 없었기 때문이라고 말한다. 이항로는 그간 지독한 가난에 시달리다 바르지 못한 길을 간 지인들도 보았다. 그러지 않기 위해서라도 먹고사는 문제를 해결해야 했다.

그런데 의아하다. 가난 때문에 공부에만 전념할 수 없다면, 자신이 그래왔듯 낮에 일하고 밤에라도 공부하도록 권유하면 되지 않을까? 그러나 이항로는 전형적인 '옛날 사람'이었다. 벽진 이씨가 공부를 그만둔 까닭은 결국 남녀의 직분이 다르다는 고정 관념을 벗어날 수 없었기 때문이었다.

"남자나 여자, 귀한 자나 천한 자 모두 하늘이 정해 준 직분을 가지고 있는 법, 만약 그 직분을 잃는다면 죽고 말 것이다."

이항로가 딸을 설득한 두 번째 이유는 고정 관념에 벗어나는 짓을 하다가는 집안이 망하기 때문이라는 것. 남자는 공부를 하는 자이나 여자는 생계를 잘 꾸려 살림을 책임지는 자였다. 당시 선비들의 공부란 유학을 벗어나지 않았다. 유학이 강조하는 공부는 자기 자신의 인격을 바르게 세우는 일에서 시작한다. 몸과 마음을 바르게 하고 옛 사람들의 글을 읽으며 이를 일상생활에서 실천하려고 하였다. 그러다 보면 자연스럽게 가정과 나라를 바르게 다스릴 수 있다고 여겼다.

그러나 이는 어디까지나 남자, 그 중 양반 선비들의 몫이었다. 이들은 우아하게 물 위에 떠 있는 한 마리 백조였다. 그 우아함을 유지하기 위해 보이지 않는 물속에서 부지런히 발길질을 해 대듯,

가난한 선비의 아내는 보이지 않는 곳에서 쉴 틈 없이 내조에 힘써야 했다. 비록 윤택하게까지는 못 하더라도 식구들이 춥고 굶주리지 않도록 일거리를 찾아야만 했다. 삯바느질, 길쌈, 이웃집 잔일 도와주기 등 부지런히 몸을 움직일수록 자식들 입에 하나라도 더 넣어줄 수 있었다. 아내이자 엄마는 삼시 세끼, 일 년 열두 달, 쉼 없는 살림 노동자였다.

조선 후기 실학자 연암 박지원이 쓴 사회비판 소설 『허생전』은 삯바느질을 하여 살림을 꾸려 나가는 아내가 남편인 가난한 선비에게 하는 잔소리로 시작한다. 소설 속에서 허생의 아내는 결국 남편에게 파업을 선언한다. 공부 말고 할 줄 아는 게 없으면 도둑질이라도 하라며 혼자서만 고고하게 자기 계발을 하는 남편을 원망한다. '자기만 고상한가?' 허생의 아내는 똑같은 인간인데 누구는 하루 종일 밥벌이의 노동을 하는 신세고, 누구는 이와 무관하게 자아 성취를 하는 존재라는 게 영 거슬렸을 것이다. 선비인 남자들은 결혼을 했어도 달라지는 게 없었다. 생활비를 줄 수 없는 자라도 선비 남자라면 누려야 할 권리였다. 가난과 상관없이 학문의 이상을 실현하는 일은 하늘이 정해 준 일이기 때문이다.

그러나 결혼한 여자는 달랐다. 남편이 생활비를 주지 않아도 불평 없이 남편과 아들을 뒷바라지해야 했다. 그게 아내의 미덕이었다. 그러니 이항로 또한 둘째 딸에게 남자가 공부하고 여자가 가정 살림을 도맡아 하는 일은 하늘이 정해 놓아 바꿀 수 없다고 못 박고 있다. 이후 아버지의 편지에 대한 벽진 이씨의 답장은 찾을 수 없다. 따라서 그녀가 아버지의 호통에 따랐는지 아니면 꿋꿋하게 공부를 계속했는지 확인할 수 없다.

눈물을 머금고 다시 길쌈을 했을 벽진 이씨의 모습이 그려지는 것은 왜일까? 공부를 잊고 길쌈으로 집안 생계를 꾸려 갔을 벽진 이씨는 진정 행복했을까? 짬짬이 공부 좀 해 보겠다는데 그게 그렇게 야단맞을 일인가. 어딘가 그늘진 얼굴의 어머니를 봐야 했을 자식들은 어땠을까?

다행히 오늘날엔 여자는 소처럼 일하고 남자는 학처럼 공부하는 존재라는 의식은 사라졌다. '능력에 따라 교육받을 기회가 주어진다.'는 교육 평등 사상 덕분에 여자도 '당연히' 꿈을 찾는 세상이다. 그러나 학창 시절 그 똑똑한 여학생들은 어디로 사라진 것일까? 자기 꿈을 위해 열심히 살아가는 미혼 여성들은 어디로 숨어 버린 것일까? 주위를 둘러보면 제2의 벽진 이씨를 찾기가 어렵지 않다. 재기 넘치던 여학생들은 결혼하고 아이를 낳고 나면 꿈을 이루기도 전에 독박 육아에 허덕이며 절망하기도 한다. 남편들은 일에 매여 있느라 저녁이 있는 삶은 바랄 수도 없다. 높은 집값, 낮은 임금이 개선되지 않는 한, 이제 막 사회에 진입한 젊은 세대의 삶은 불안하기만 하다.

우석훈·박권일이 쓴 책 『88만원 세대』(레디앙, 2007)에서 '88만원 세대'라는 말이 등장한 지 십 년이 넘었다. 이제는 3포도 모자라

5포 세대라는 말이 등장할 정도로 먹고사는 문제는 더 어렵기만 하다. 결혼을 했어도 생계를 꾸려가느라 아이를 마음 놓고 키우지도 못하는 현실이다. 세상이 달라졌다지만 아이도 키우고 일도 해야 하는 삶은 달라지지 않았다. 결혼한 여자가 챙겨야 할 것은 많아졌으면 많아졌지, 예전보다 줄어들지는 않았다. 오늘도 아내이자 엄마인 그녀들은 체력을 '쥐어짜며' 슈퍼우먼 그림자라도 따라잡고자 애를 쓴다. 체력이 남아돌아서가 아님을 아무도 몰라준다.

벽진 이씨가 그런 상황에서도 글공부를 했을 이유를 생각해 보자. 세 아이의 엄마이자 아내이기 전에, 그녀 또한 한 사람이었다. 즉, 그녀 또한 가슴 한편에 소박한 꿈이 하나쯤은 있었을 것이다. 먹고사는 문제를 잠시 제쳐 두고 글공부를 하는 동안 그녀는 누구의 아내, 엄마가 아닌 오롯이 그녀 자신이었을 것이다.

※ 이 글은 『화서집』, 권13, 「답차녀김씨부畓次女金氏婦」의 글과 한국고전번역원 조순희 수석연구위원이 쓴 '고전번역과 함께 하는 인문학 산책'(『한국경제』에 연재) 시리즈 중 '이항로의 여식'을 참고해 쓴 글입니다. 이항로 편지의 원문은 한국고전종합DB(http://db.itkc.or.kr)의 글을 참고 했습니다.

고통스러운 삶을
공부로 위로받은 여인

　벽진 이씨와 다른 삶을 살았던 엄마가 있다. 강정일당(姜靜一堂, 1772~1832)은 충주 선비 윤광연(尹光演, 1778~1838)의 아내였다. 오늘날에는 윤광연의 아내라는 타이틀보다 조선 후기 여성 학자로 평가받고 있다.

　그녀는 스무 살에 윤광연에게 시집갔다. 이때 남편의 나이는 고작 열네 살, 그녀는 여섯 살 연상이었다. 결혼 당시 집안의 경제 상황은 매우 형편없었다. 남편은 생계를 위해 지방을 다니며 장사를 하기도 했지만 오히려 있는 돈을 축낼 뿐이었다. 재산을 거의 탕진하고 나서 서울 근처로 거처를 옮겼다. 남편은 서당을 하며, 강정일당은 바느질을 하며 생계를 꾸려 갔다.

　윤광연은 명색이 서당 훈장이었지만 푼돈 벌이도 못 했다. 지독한 가난으로 밥을 굶고 지내기도 허다했다. 제대로 못 먹어 허약해서인지 강정일당은 무려 아홉이나 자녀를 낳았지만 모두 일 년이 채 안 되어 죽고 말았다. 한두 명도 아니고 핏덩어리 전부 제대로 키워 보지를 못 했다. 자신이 낳은 아이들을 모두 먼저 보냈으니 그 고통은 이루 말할 수 없었을 것이다. 몸과 마음 모두 성한 곳이 없었다.

그녀가 이런 최악의 상태를 극복하기 위해 선택한 것은 공부였다. 기록에 의하면 결혼 전 강정일당은 공부와는 거리가 멀었다고 한다. 인생의 아이러니지만, 결혼 전 홀가분한 상황이 공부를 하기에 더 적당한 시기였을 것이다. 자유롭던 처녀 적과 달리 밥하느라, 돈 버느라 짬이 나지 않을수록 공부에 대한 의지가 높아졌다. 공부는 그녀에게 즐거움 없는 삶에 대한 탈출구이자, 자녀들을 모두 먼저 보내야 했던 아픔을 잊게 해 주는 치료제였을 것이다.

유명해져 돈을 벌기 위해 공부에 매달린 게 아니었다. 정신을 놓지 않으려면 뭐라도 해야 했다. 지푸라기 잡는 심정으로 공부를 선택한 것이다. 뭔가에 몰입할수록 서러움과 상처를 조금이라도 잊을 수 있었다. 공부는 그녀에게 '힐링'이었다. 한가한 인생이라서 공부를 한 게 아니었다. 남은 인생이나마 주위에 흔들리지 않고 소신껏 살아가고자 했을 뿐이었다.

그렇게 그녀는 30세 무렵에야 경전 공부를 시작했음에도 13경*

---

* 옛 사람들에게 13경은 필수 교과서다. 유학을 공부하는 이들이 꼭 배워야 할 13종의 교과서에 해당한다. 『역경易經』, 『서경書經』, 『시경詩經』, 『주례周禮』, 『예기禮記』, 『의례儀禮』, 『춘추좌씨전春秋左氏傳』, 『춘추공양전春秋公羊傳』, 『춘추곡량전春秋穀梁傳』, 『논어論語』, 『효경孝經』, 『이아爾雅』, 『맹자孟子』가 있다.

을 두루 통달하여 훗날 여성 성리학자로 불리는 경지에 이르렀다. 학문에서 그녀는 오히려 남편을 이끌어 가는 입장이었다. 스승이나 다를 바 없었다. 남편이 편지나 묘지명 등의 공적인 글을 써야 할 때마다 그녀는 남편을 대신해 글을 써 줄 정도였다. 그녀가 남긴 글을 모아 놓은 『정일당유고靜一堂遺稿』를 보면 시문과 서예 실력만큼은 누구에게도 뒤지지 않는다. 『정일당유고』에서 그녀는 묻고 있다.

"비록 부인들이라도 큰 실천과 업적이 있으면 성인의 경지에 이를 수 있습니다. 당신은 어떻게 생각하십니까?"

당시 양반가 여성들은 공부하는 것을 드러내기를 꺼려했다. 그러나 강정일당은 공부하는 것을 숨기지 않았다. 결혼해 남편의 공부를 뒷바라지하면서도 자신의 공부를 숨기거나 그만두지 않았다. 강정일당은 '밤늦게 잠잘 때까지' 공부를 할 생각이라며 자신의 포부를 밝히기도 하였다. 다른 아녀자들이 집안일을 하며 밤을 새운 것과 크게 비교되었다.

그녀가 그토록 공부에 매진한 까닭은 '여성의 성취가 남성의 성취와 다를 바 없음'을 보여 주기 위해서였다. 엄마니까 공부를 할 수 없는 게 아니라, 엄마여도 공부를 할 수 있다는 것을 증명해 냈다. 어쩌면 강정일당은 더 이상 잃을 게 없다고 생각했는지도 모른다. 잃을 게 없는 상황에서 공부야말로 돈이 안 들면서 마음의 빈자리를 채워 줄 수 있는 수단이었다. 강정일당은 가족을 위해 헌신하는 역할에 그치지 않았던 것이다.

강정일당의 주특기는 바느질이었다고 한다. 그녀 스스로 "어려서부터 바느질을 하다 보니 바느질로 먹고살 정도입니다."라고 말한 기록도 있다. 강정일당은 백수와 다를 바 없는 남편에게 자신의 바느질로 살아갈 수 있으니 집안 살림은 걱정하지 말라고 할 정도였다. 그러나 바느질은 밥벌이의 수단일 뿐, 정작 그녀의 관심은 공부를 통한 자아실현이었다. 그나마 다행인 것은 남편의 개방적 태도였다. 남편은 비록 경제적으로 무능했지만 아내의 자아실현에는 적극 협조를 했다. 강정일당이 후대에 여성 학자로 이름을 남길 수 있었던 것은 남편의 외조가 있었기에 가능했다. 윤광연은 아내의 공부에 대한 열정을 인정하고 존중해주었다.

당시 선비들은 죽고 나면 평생 저술한 글을 모아 문집으로 엮는 게 일반적이었다. 그러나 여자의 문집을 간행하는 일은 쉽지 않았다. 사회적으로 환대받지 못 했기 때문이다. 공부할 여건이 되지 않는 상황이었지만 꿋꿋이 공부를 이어 가던 아내가 존경스러웠던 것일까? 윤광연은 아내가 죽자 그녀의 글을 모아 문집을 만들었는데 그것이 바로 『정일당유고』이다. 윤광연은 전 재산을 쓰면서 문집을 만들었다. 이 과정에서 사람들의 비난을 받았지만, 아내 강정일당의 삶을 끝까지 응원해 주었다. 힘든 상황 속에서도 자신의 삶을 개척했던 아내의 모습은 남편에게도 감동을 주었을 것이다.

독기를 품을 때가
공부의 적기

석사 1학기를 다닐 때였다. 결석과 지각이 유독 잦은 언니가 있었다. 발표 수업을 준비하는데 언니와 한 조를 이루게 되었다. 그런데 언니가 나를 불러 말했다.

"미리 말했어야 했는데……. 제가 곧 학교를 그만두니 조를 다시 짜야 할 것 같아요."

나는 이해가 안 됐다. 언니는 한 학기만 마치면 졸업이니 조금만 버티면 될 텐데 그만둔다니 안타까웠다.

"아이가 일곱 살인데 제 손이 많이 필요해요."

'아이가 일곱 살이면 엄마 손이 덜 가지 않을까?' 당시 나는 막 임신을 한 상태였고 아이를 키워 본 적이 없어서 그 상황이 이해되지 않았다.

"실은 제가 직장을 다니는데 일이 늦게 끝나 공부하기가 쉽지 않네요. 아이가 집에서 기다린다고 생각하니 수업에 오기가 어려워요.. 갑자기 말해 미안해요."

그것이 우리가 나눈 마지막 대화였다. 이후로 그녀를 볼 수 없었다. 비단 그녀만이 아니었다. 석사 과정에서 만난 유일한 동기도 아이 엄마였다. 결혼, 출산, 육아, 일 등 공감대가 많았던 우리는 금방 친해졌다. 그녀는 아이를 낳은 지 채 일 년이 안 된 상황이었지만 친정엄마에게 아이를 맡기고 일과 공부를 병행하기 시작했다.

아침에 친정엄마에게 아이를 맡기고 출근한 뒤, 퇴근하면 학교에서 수업을 받은 후 다시 친정으로 아이를 찾으러 가는 삶을 되풀이했다. 친정엄마는 밑반찬을 챙겨 주고 가끔 집 청소도 도와주신다고 했다. 수업 시간 그녀는 예리한 질문과 우수한 과제로 칭찬을 듣곤 했다. 그런데 어느 날부터 그녀의 표정이 밝지 않았다. 많이 지쳐 보였다. 결국 한 학기를 남겨 두고 돌연 휴학을 했다. 친정엄마가 도와준다고 하지만 일, 육아, 공부는 모두 그녀의 몫이었을 것이다. 완벽주의자인 그녀는 육아에 소홀해지는 상황을 받아들일 수 없었다. 이후 몇 년이 지나도 학교로 돌아오지 않았다. 그녀도 그렇게 공부를 그만두었다.

생각해 보니 출산 후에도 학업을 이어간 아이 엄마는 거의 없었다. 기억나는 학생 엄마가 한 명 있는데, 그녀는 드라마 주인공같이 화사하고 세련된 분위기를 풍기는 학우였다. 어느 날 우연히 이야기를 나눴는데 알고 보니 그녀도 갓난아기를 둔 엄마였다. 자연스레 이런저런 이야기를 나눴다.

그녀는 나와 출발선이 달랐다. 남편은 의대 교수였고, 친정은 딸이 고생할까 봐 가사 도우미를 챙겨 줄 정도로 넉넉했다. 그녀는 일 년 후 남편의 안식년에 미국으로 유학을 갈 예정이라고 했다. 미국 유학은 하고 와야 교수가 될 수 있다고 말하는 그녀의 모습은 내게 별나라 세상의 이야기 같았다. 그녀 같은 상황에서 공부하는 경우는 거의 없을 것이다. 대개 공부하는 여자는 아이가 고등학생이 되면 그제야 늦게라도 공부를 하고 싶은 중년의 엄마 혹은 미혼, 결혼을 했어도 아직 아이가 없는 여자들뿐이었다.

반면 남자들은 아이가 어리거나 많거나 상관없이 학업을 중단하는 일이 드물었다. 여자들의 경우 임신을 하면 얼마 못 가 학업을 곧 중단할 것이라고 스스로 단정 짓는 경우가 많았다. 실제로 출산을 계기로 대부분 휴학을 했다. 그런 분위기 속에서 임신과 출산, 육아를 하면서 학업을 지속한 내 경우는 예외였다. 그러나 내게도 학업을 중단해야 할 위기가 생겼다.

석사 3학기 차가 되자 배가 제법 불러 왔다. 배가 부른 상태에서 캠퍼스를 다니는 일은 여전히 눈에 띄었다. 유별나다는 시선을 받을 때도 있었다. 뚫어지게 쳐다보는 여학생의 시선이 제일 난감했다. 가급적 눈에 띄지 않게 조용히 강의실을 다녀야 했다. 4학기 차, 조기 졸업을 신청해 둔 상태였기에 출산과 동시에 석사 학위 논문을 제출해야 했다. 미리 주제를 정하고 큰 틀을 잡아 두었기에 차분히 글을 쓰면 됐지만 첫 번째 위기가 닥쳤다. 아이를 낳으면 누가 아이를 봐주겠는가. 친정엄마는 멀리 계셨고 시어머니도 일을 하고 계셔서 양가 부모님의 도움을 기대할 수 없었다. 그야말로 홀로 육아를 책임져야 하는 '육아 독립군'이었기에 출산 이후가 걱정이었다.

아무래도 휴학을 해야 할 것 같았다. 왜 그녀들이 출산을 하고 휴학을 하는지 이해가 됐다. 남편은 돈을 벌지만, 나는 돈을 벌지 않기 때문에 아이를 키우는 것은 내가 담당해야 하는 게 당연했다. 돈을 벌지도 않는데 핏덩어리를 놔둔 채 학업을 계속하는 일은 사치에 가까웠다. 이유도 없이 죄책감이 생기기 시작했다. 나는 지도 교수님을 찾아갔다.

"교수님. 아무래도 휴학을 해야 할 것 같아요."

교수님은 남자였지만 세 아이의 아빠답게 육아의 어려움을 충분히 알고 계신 분이었다. 늘 '엄마'의 위대함을 강조하셨고, 아이를 낳고 키우는 일을 존중해 주셨다. 그런데 교수님은 내 결정에 흔쾌히 찬성하지 않으셨다. 말리는 기색이 느껴졌다.

"아이가 더 자란다고 해도 별반 달라지지 않을 것 같아요."

현재 처한 상황과 고민을 털어놓자 내게 해 준 얘기였다. 그간 학생들을 지켜보니 대개 아이를 낳고 휴학을 하지만 학교로 돌아오지 않는다고. 오히려 아이가 클수록 할 일이 더 많아질 수도 있다고 말씀하셨다.

"시간이 지나도 주변 여건이 크게 좋아지지 않을 것 같네요. 공부에 뜻을 두고 시작했다면, 힘들더라도 중단하지 말고 해 보는 게 어떨까요?"

뜻하지 않은 조언에 혼란을 느꼈다. 아이가 고등학생이 되면 나는 적어도 마흔 후반이다. 그때 다시 돌아올 수 있을까? 그러나 자신 있게 대답할 수 없었다. 극단적인 경우 그때까지 살아있을지도 모르는 일이었다.

돌이켜 보면 늘 공부에 전념한 시간은 적었다. 학창 시절에도 이런저런 유혹에 넘어가 공부를 제대로 하지 않았다. 나름 시간이 많았던 대학 시절에도 여기저기 기웃거리느라 공부를 소홀히 하였다. 그리고 보면 공부는 주변의 물리적 상황보다 내 자신의 의지 또는 열의에 달려 있다고 볼 수 있다.

고민 끝에 학업을 중단하지 않기로 결심했다. 다행히 남편은 틈나는 대로 육아를 도와주기로 했다. 수업을 가는 날이면, 남편은 늦더라도 집에 들어와 아이를 돌봐 주었다. 남편이 일을 늦게 마치면 수업을 못 갔지만 대신 과제를 더 공들여 작성하려고 노력했다. 그렇게 가까스로 논문을 제출할 수 있었다. 그리고 연이어 박사 과정에 들어가기로 했다. 이 과정에서 남편은 늘 내 의사를 존중해 주었다. 힘들게 구한 직장을 결혼하면서 그만둔 나에게 남편은 미안해했다. 그래서 남편은 내가 하고 싶은 일을 하며 즐겁게 살아가기를 원했다.

그렇게 공부를 하면서 힘들 때도 많았지만 시간이 갈수록 공부를 해야겠다는 마음이 더욱 강해졌다. 결혼에 대한 낭만보다 현실이 보이기 시작하면서 엄마라도 꿈을 가져야 한다는 의식이 생겼다. 남편의 노동과 월급에 기대는 자가 아니라, 나 스스로를 책임질 수 있는 자로 살고 싶었다. 그러자 공부는 더욱 절실해졌다. 공부를 하면 할수록 도전해 보고 싶은 일도 늘어났다. 사실 그냥 편하게 살자며 공부를 놓으려고 한 적도 있었다. 아이는 자주 아프고, 집안일은 끊임없이 반복되고. 그래서 공부를 포기하려고 한 적도 있었다. 그러나 쉽게 놓아지지가 않았다. 지금 힘들다고 놓아버리면 영영 되돌아오지 못 할 것 같았다. 그래서 마음을 더 굳게 먹었다.

'좀 더 부지런해지자. 이 또한 지나가겠지.'

돌아보면 후회되는 일이 참 많다. 그러나 딱 한 가지 후회하지 않고 잘했다고 생각하는 것이 있다. 앞날을 단정 짓지 않은 일이었다. 어떤 상황에서도 길은 있을 것이라 믿었던 것이다. 막연하지만 그 기대를 버리지 않았다.

어느덧 뱃속의 아이는 이제 일곱 살을 바라보지만, 할 일은 여전하다. 아이의 기저귀를 가는 일은 하지 않지만 또 다른 육아가 기다리고 있다.

고등학생 자녀를 둔 학생 엄마인 학우가 생각났다. 공부를 시작했으나 아이가 고등학생이 되자 휴학을 해야 했다. 수험생 뒷바라지를 해야 한다는 이유였다. 자녀의 대입이 끝나자 양가 부모님의 병환, 장례 등의 상황을 겪으면서 공부와 점점 멀어졌다. 큰일들이 해결되고 났을 땐 나태함과 피로가 몰려와 공부에 집중할 수 없었다. 여전히 그분에게는 우선순위의 일들이 발생했다.

누구에게나 장애물은 있다. 인생에서 어느 시기가 공부의 적기라고 할 수 있을까? 물리적인 자유가 많다고 해서 자기 자신을 잘 통제할 수 있는 것도 아니다. 비록 공부와는 거리가 먼 상황이지만, 독기를 품을 때만이 적기인 셈이다.

1.5의 인간,
한국 사회에서
아이 엄마로
살아간다는 것

　당연한 이야기지만 운동선수는 성공하기 위해 매번 자신의 한계를 뛰어넘는 훈련을 견뎌 낸다. 이들은 최고의 컨디션, 능력을 발휘하고자 연습에 투자한다. 선천적으로 타고나는 것도 있겠지만 자신과의 싸움을 견뎌 가며 더욱 더 강한 정신력과 체력을 쌓아 간다. 엄마 운동선수는 어떨까? 정신력이 강한 운동선수들조차 출산과 육아 앞에서는 인생 최대의 어려움을 겪게 된다는 기사가 눈에 띈다. 엄마라는 자리가 주는 부담감과 무게는 겪어 보지 않은 사람은 모를 것이다.

　18개월 아이의 엄마인 체조 선수 루바 골로비아는 2016년의 브라질 리우올림픽에서 그루지야의 기대주였다. 그녀는 앞서 2회 연속 올림픽에 출전하면서 상위의 성적을 기록한 베테랑 선수이다. 그런데 아이가 태어나고는 모든 것이 바뀌었다. 아이와 24시간 함께 붙어서 훈련을 해야 하는 날도 많았다. 아이 엄마로서 올림픽을 준비하던 그녀는 점점 자신의 상황이 예전과 같지 않음을 인정해야 했다. 엄청난 훈련 강도 외에 돌봐야 할 갓난아기가 하나 더해졌기 때문이다.

그녀는 주위를 둘러싼 상황을 통제하는 데에 어려움을 토로했다. 아이가 태어나기 전에는 모든 게 쉬웠다는 것을 깨닫게 되었다. 훈련으로 다져진 체력임에도, 쉽게 지치고 부쩍 피로함을 느꼈다. 자신이 그렇게 쉽게 지친다는 것에 스스로 놀라기도 했다. 아이를 친정 부모에게 맡기고 올림픽에 출전하는 동안, 아이를 못 본다는 사실도 매우 힘들었다. 아이와 함께 있을 때는 체력이 금방 바닥이 났지만 막상 아이와 떨어져 있을 때에는 순식간에 집중력을 잃었다. 이전의 생활을 변함없이 유지하기는커녕 매일 허우적거렸다. 단지 아이가 태어난 것뿐인데, 평범한 일상이 흑백 사진처럼 희미해졌다. 아이 엄마의 삶은 제아무리 통제력이 뛰어난 운동선수의 경우에도 예외가 아님을 알 수 있다. 외국인이라고 특별할 것이 없다.

아이를 낳은 순간부터 엄마는 1이 아닌 '1.5인간'이 된다. 아이를 낳기 전 엄마는 독립적인 한 인간이지만 아이는 다르다. 아이가 스스로 독립해 온전한 1의 인간이 될 때까지는 0.5 만큼의 부족한 부분을 채우기 위해 누군가에게 의지해야 한다. 아이가 갓난아기일 때를 떠올려 보자. 엄마는 화장실조차 마음대로 가지 못하는 상황이 생긴다. 심지어 아이를 안고 볼일을 봐야 하는 경우도 있다. 밤에도 수시로 잠을 깨니 엄마는 제대로 잘 수도 없다.

혼자서의 장시간 외출은 상상할 수도 없다. 씻고 먹고 자는 일상의 일들이 통제되지 않는다. 아이 엄마는 1도 아니고 2도 아닌 경계인의 삶을 살아가는 경우가 많다. 24시간 내내 '껌딱지'처럼 붙어있는 존재가 생긴 것이다. 그런데 문제는 아이를 낳기 전에도 오롯이 1의 인간이 아니었다는 점이다. 어쩌다 보니 엄마가 되었다는 말이 맞을지도 모른다.

엄마가 되기 전에 완전히 독립적인 인간으로 지낸 적이 별로 없었다. 고민과 방황, 후회로 뒤죽박죽인 날들이 많았다. 사람들 속에 있으면 허점투성이의 인간이었다. 겉모습만 다 큰 어른일 뿐이었다. 단지 혼자 씻고 먹고 잘 수 있을 뿐, 자기 자신이 어떤 사람인지도 확신할 수 없다. 그런 그녀가 0.5의 인간을 책임지게 된 것이다. 아직 진짜 어른이 아닌 것 같은데 어른 행세를 해야 한다.

이런 상황에서 엄마는 아이에게 문제가 생기면 모든 게 자기 잘못인 것 같다. 태어나 처음으로 누군가에게 헌신적으로 자신의 모든 관심과 노력을 쏟는다. 이 과정에서 엄마와 아이는 서로의 결핍을 채우게 된다. 엄마는 점점 철이 들고 아이는 한 인간으로 성장하게 된다. 그렇다면 아이가 다 크면 논리적으로 2의 인간이 되어야 한다. 그런데 정말 그럴까? 주위를 살펴보면 오히려 다시 1의 인간으로 지내는 이들이 많다. 아이는 크면서 사회 속에서 여러 역할을 해 가지만, 엄마는 엄마라는 역할 빼고 할 줄 아는 게 없다.

왜 그럴까? 자신의 삶을 아이에게 오롯이 헌신한 엄마였기에 아이를 품 안에서 놔주는 것에 심리적으로 거부감을 느낀다. 아이를 뺀 삶은 상상할 수 없다. 그래서인지 아이가 다 크고 나면 상실감, 공허함, 우울감을 호소하는 엄마들이 많다. 뒤늦게 자신의 삶을 찾아보고자 각종 문화 센터로 나가 소소한 취미활동을 시작한다. 경제적 여유가 없다면 그나마도 할 수 없다. 날이 갈수록 세상살이가 팍팍해진다. 그러니 뒤늦게라도 삶을 즐길 여유도 없다. 아이가 제법 크면 공허함을 채 달래기도 전에 노후 대비를 위해 일자리를 찾아야 하는 이들도 많아졌다. 집안 청소와 설거지를 밖에 나가서도 하게 된다. 대체 무엇이 문제인가?

아이를 둔 엄마들은 대개 마음의 여유가 없다고 호소한다. 엄마들의 일과는 아이의 동선에 따라 이루어진다. 모든 일의 우선순위는 아이를 중심으로 결정된다. 따라서 아이가 학교에서 시간을 많이 보내는 중·고등학생이 되어서야, 조금의 여유를 찾을 수 있다. 그러나 이것도 끝이 아니다. 부지런한 엄마는 아이가 집에 없는 동안에도 아이를 위해 이것저것 하느라 바쁘다. 아이를 위한 식단을 짜고, 공부 정보를 수집한다. 아이 또한 엄마가 자신을 위해 사는 것을 당연하게 여긴다.

학교를 마치고 집에 돌아왔을 때 엄마는 아이를 기다리고 있어야 한다. 엄마는 다 큰 성인이 된 자식들도 따라다녀야 한다. 그러니 엄마들은 정작 자신을 위한 시간을 충분히 확보하지 못 하면서 늘 시간이 부족하다고 느끼는 것이다. 엄마가 되면 내뱉는 단골 멘트는 "하는 일도 없이 바빠."이다. 한 것도 없는데 벌써 시간이 지나갔다. 그리고 얼른 아이가 독립할 때만을 기다린다. 아이가 갓난

아기일 때도 사춘기 자녀가 되었어도 시간이 부족하다고 느낀다. 엄마란 존재는 다른 가족들을 위해 그림자처럼 종종거리는 자임을 어쩔 수 없이 받아들인다.

그런데 엄마도 엄마가 되기 전에 불완전한 존재였다. 자신보다 더 많이 결핍된 존재인 아이를 돌보고 키우면서 엄마는 강인한 존재가 되지만, 알고 보면 여전히 불완전한 존재다. 내가 누구인지, 나는 어떤 사람인지, 무엇을 잘하고 무엇을 할 때 기쁨을 느끼는지, 여전히 확신하지 못 한다. 잠시 아이를 키우는 시간은 정신없이 바쁘게 지나가 이런 고민에 답할 시간이 없다. 하지만 아이가 자라고 나면 예전의 고민들이 다시 찾아오기 마련이다. 아이는 충분히 컸다. 그러나 엄마는 자신의 이름을 잃어버렸다.

아이가 성장하는 과정에서 맛보는 행복은 잠시, 불안한 노후 걱정에 자신의 능력과 상관없이, 뽑아 주면 고마운 심정으로 아르바이트에 나서게 된다. 그렇게 점점 젊은 시절 꿈은 멀어져 간다. 꿈이 있었던가. 남편에게 속았다며 남편을 책망한다. 남편에게 바가지 긁을 거리가 완벽하게 생겼다. 한편으로는 다들 이렇게 살아가는데, 이게 여자 인생이라며 적당히 살아간다.

그러나 엄마 이전에 한 인간으로서의 정체성을 포기하지 못하는 엄마들도 늘어나고 있다. 이들은 선배들처럼 그렇게 살 수 없음을 본능적으로 직감한다. 그렇다면 결론은 정해져 있다. 다시 결혼과 출산을 되돌릴 수는 없다. 여자에게 매우 불리한 사회적 인식, 각종 관습 등을 불평만 할 게 아니다. 결혼과 출산도 엄밀히 따지면 '내'가 한 선택과 결정이었다. 선택에 책임진다는 말은 현실이 생각과 너무 다르다고 짜증내거나 어쩔 수 없으니 그냥 살아야지 하고 포기하라는 뜻이 아니다.

나의 선택에 책임지기 위해서는 결혼과 출산, 양육의 거대한 여정을 지나가면서도 나 자신을 지키고 성장시킨다는 의미다. 아이의 존재와 상관없이 나 자신으로 살아가는 일은 변함없어야 한다고 굳게 믿어야 한다.

이제 한국 사회에서 결혼은 필수가 아니라는 인식이 점점 커지고 있다. 앞서 열거된 삶을 나는 겪고 싶지 않다는 생각이 반영되었다고 본다. 정신없이 육아와 살림에 휩쓸려 자기 자신을 잃고 싶지 않다는 것이다.

전국 경제인 연합회가 직장 여성을 대상으로 한 설문 조사에 의하면 미혼 여성 10명 중 4명은 결혼 후 아이를 낳지 않겠다고 답했다. 사회 여건상 일과 가정을 둘 다 잘해낼 자신이 없기 때문이다. 시한폭탄을 지닌 채 전전긍긍하는 워킹맘, 혼자서 육아와 살림을 해내야 하는 전업맘들은 한번쯤은 아이 엄마라는 이유로 심지어 죄인 취급당하기도 한다.

그러나 '구더기 무서워 장 못 담글까'라는 속담처럼 험난한 세상이지만 가정을 꾸려 서로 힘이 되어 잘살아 보고 싶은 유혹도 크다. 결혼한 여성, 부모가 된 여성 모두 이런 마음으로 시작하지 않았을까. 부모로서의 인생과 자신의 인생 사이에서 균형을 잡는 일은 쉽지 않다. 특히 아이 엄마는 전적으로 아이 위주로 살아간다.

그럼에도 아이가 어른이 됐을 때 도로 1이 아닌 2의 인간으로 존재하기 위해서는 엄마 또한 온전한 인간으로서 살아가기를 포기하지 않아야 한다.

※ 이 글은 「연합뉴스」(2016년 8월 9일) 기사인 "'아기가 눈에 밟혀요" 엄마 선수, 그래도 뛴다'를 참고해 쓴 글입니다.

당당하게 공부하는
엄마가 되자

밥하고 빨래하던 아빠의 모습은 어린 시절 익숙한 장면이었다. 퇴근을 하시거나 휴가철이면 아빠는 자주 음식을 만들어 주셨다. 오빠와 나의 방학은 아빠의 휴가와 겹치곤 했다. 아빠는 휴가 내내 김치찌개부터 짜파게티까지 요리를 담당하셨다. 어린 우리를 씻기기도 하셨고, 함께 외출도 자주 하셨다. 그사이 엄마는 안 보였다. 심지어 2주씩 집을 비운 적도 있었다. 화가가 꿈이었던 엄마는 아빠의 휴가 기간이면 그동안 밀린 그림을 그리셨다.

아빠의 휴가가 끝날 무렵 거실에는 엄마의 작품들이 전시되었다. 엄마는 치질까지 생길 정도로 한번 몰입하면 끝장을 보는 성격이었다. 뭘 배우러 가면 끝까지 해 봐야 직성이 풀리셨다. 그럴 때면 아빠가 엄마 대신 육아와 살림을 맡으셨다. 나는 아빠가 살림과 육아를 대신 하는 것에 불만이 전혀 없었던 것으로 기억한다. 한여름에 아빠는 러닝셔츠만 입고 땀을 뻘뻘 흘리며 집을 청소하고 밥을 준비하셨다. 내가 엉망으로 만들어 놓은 방학 숙제도 밤늦게까지 도와주셨다. 심지어 내 친구까지 태우고 수영장에 데려다주셨다.

아빠가 혼자 시간을 보내시는 동안 나랑 친구는 신나게 물놀이를 했다. 다 놀고 나자 아빠는 우리에게 저녁을 먹였고 친구를 집으로 돌려보냈다. 집에 돌아오자 아빠는 또 방을 닦으시고 집안일을 마무리하셨다. 지금 생각해 보니 엄마는 어떻게 아빠를 구슬려서 당당히(?) 자기 시간을 가졌는지 모르겠다. 엄마와 아빠가 닭살 커플처럼 사이가 좋은 것도 아니었다. 여느 부부처럼 싸우기도 하시고, 자식 때문에 사는 거라는 푸념도 종종 하셨다.

그런데 아빠는 다른 것은 몰라도, 엄마의 자아실현에는 무조건 찬성이었다. 그림 배우러 다닌다고 밖으로 돌아다니는 엄마의 빈자리를 아빠가 묵묵히 채워 놓으셨다. 엄마가 그림을 완성할 때마다 아빠는 최고의 칭찬을 아끼지 않으셨다. "엄마가 그린 거 봐라. 멋지다." 아빠의 외조에는 별다른 이유가 없었다. 엄마가 그렇게 행복하면 그걸로 끝이었다. 나는 그런 아빠에게 감사하다.

엄마가 되어 뒤늦게 공부를 하고 있으면 가끔 '내가 무슨 부귀영화를 누리겠다고.' 이런 생각을 할 때가 있다. 내가 정말 걱정하는 것은 뭘까? 아마 '가족을 희생시킨다.'라는 생각과 함께 미안한 마음이 들어서일 것이다. 공부하는 엄마에게 필요한 마음은 '가족에게 미안해하지 않기'이다. 도대체 뭘 미안해해야 하는 것일까?

최선을 다해 아이들 밥 먹이고, 깔끔하게 청소도 하면서 남는 시간에 공부 좀 해 보겠다는데 말이다. 육아로 갉아먹은 청춘을 되돌리겠다고 갑자기 성형 수술을 하고 옷을 야금야금 사느라 생활비를 깎아 먹는 것보다 낫지 않은가.

엄마가 공부하는 모습을 보면 자녀들도 자연스럽게 공부하는 분위기가 조성된다. 화내지 않고 공부하는 분위기를 만드니 얼마나 지혜로운가. 게다가 성취감을 맛보면서 우울해하지 않고 건강을 유지하게 된다면 더 고마운 일 아닌가.

아프리카의 어느 대학에서 남자 교수가 자신의 제자가 데리고 온 아기를 업은 채 수업했다는 기사를 읽은 적이 있다. 이 이야기를 접하니 마음이 뭉클해졌다. 나 또한 아기를 업고 지도 교수님을 찾아간 적이 있었기 때문이다. 과제를 제출해야 하는데 그때 애를 봐줄 사람이 없으니 어쩔 수가 없었다. 약간 늘어난 티셔츠를 입고 아기 띠를 메고 땀을 뻘뻘 흘리며 연구실에 들어갔다. 교수님은 아기를 업고 찾아온 나를 전혀 무시하지 않으셨다. 오히려 아기를 토닥여주며 환하게 웃으시고는 나를 격려해 주셨다.

그 이후에도 몇 번 아이를 데리고 과제를 제출하러 갔다. 아이가 제법 걷기 시작할 무렵에는 교수님 책상 위 물건들에 호기심을 보이는 바람에 정신이 없기도 했다. 그럴 때에도 교수님은 웃어 주셨다. 특별한 말씀은 없으셨지만 어느 때보다 환하게 웃으시는 모습을 보며 다시 한번 학업의 열정을 불태운 적이 있었다.

안타깝게도 모든 이들이 엄마의 공부를 지지하는 것은 아니다.

한번은 수업을 신청했다가 담당 교수에게 수강 포기를 강요받은 적이 있었다. 학기 중간에 아이가 아프다고 수업에 못 나온다면 내가 다른 학생들에게 피해를 줄 것이라고 엄포하셨다. 결국 마음이 상한 채 수업을 포기해야 했다. 그분 또한 가정에서는 누군가의 부모인데도 나를 이해하지 못한다는 것이 속상했다. 그 일 이후로 나는 더 공부에 매진할 수 있었다. 아이 엄마라고 대충 한다는 말을 듣고 싶지 않았기 때문이다. 만약 아이 엄마라고 편의를 누리려고만 했으면 마음이 안이해졌을 것이다.

아이 엄마가 뭔가를 도전한다는 것은 쉽지 않다. 엄마의 공부가 당장 돈을 벌어다 주지는 않으니 식구들은 굳이 무슨 공부를 하느냐는 생각을 할 수도 있다. 하지만 엄마는 기계처럼 육아와 살림만 하는 자가 아니다. 그러니 엄마가 공부한다고 다른 사람에게 미안해하거나 부끄러워할 필요가 없다. 공부에 열정이 있는 엄마라면 가족들과 소통하며 당신의 공부를 당당히 인정받을 수 있도록 해야 한다.

다시 태어나면
피카소가
되고 싶다는 엄마

내가 중학교 때까지만 해도 엄마는 전업주부였다. 엄마는 학창 시절 형제들 중에서 제일 공부를 잘했지만 가난한 형편 때문에 대학에 합격하고도 입학할 수 없었다. 남자 형제가 우선이었기 때문이다. 엄마는 지긋지긋한 가난에서 벗어나고자 일찍 결혼했다. 적은 월급이지만 일정하게 갖다 주는 아빠 덕분에 엄마는 전형적인 전업주부로 살아갔다. 학교 마치고 집에 가면 엄마는 집을 깨끗하게 청소해 놓고 간식과 저녁도 준비하셨다. 학부모 활동을 하면서 알게 된 엄마들과 모임을 가질 뿐, 그 이상의 사회 활동은 하지 않으셨다. 엄마는 전업주부의 삶을 만족해하시는 듯 했다.

앞서 소개했듯이 엄마는 우리가 어릴 때 방학 기간을 활용해 그림을 그리곤 하셨다. 그래서 나는 그림이 엄마의 단순한 취미 활동인 줄 알았다. 그런데 내가 중학교에 들어갈 무렵 엄마는 직업 화가가 되겠다고 하셨다. 아침 일찍 등교하는 나보다 더 일찍 작업실에 가셨고, 자정 즈음 집에 들어오셨다. 집에서도 작품을 손보는 경우가 많았다. 그러더니 엄마는 상을 받기도 하면서 제법 작가의 모습을 풍겼다. 엄마는 작품마다 멋지게 이름을 적어 넣으셨다. 심지어 작품들을 모아 전시회에 출품하기도 하셨다. 전혀 알지 못 하는 사람들이 엄마의 그림을 사가기도 했다. 전업 작가가 되신 것이다.

그러던 어느 날 엄마는 가족들에게 말씀하셨다. "중국에 그림 배우러 갔다 오고 싶어." 엄마는 중국에 엄마가 좋아하는 화가가 있는데 그분께 그림을 배우고 싶다고 하셨다. 엄마에게 그림을 가르쳐 준 분에 의하면, 엄마는 정식으로 그림을 배우지 않았지만 재능을 썩히기 아까울 만큼 실력이 대단하다는 것이다. 어쩌면 처음으로 오롯이 엄마만을 위해 내린 결정이었을 것이다.

엄마의 결정에 제일 반대한 사람은 나였다. 그때 나는 엄마가 집을 오랫동안 비우는 게 싫었다. 누구보다 아빠가 반대하실 줄 알았는데, 오히려 아빠는 엄마가 중국에 가셔도 상관없다는 입장이었다. 그러나 오빠와 나는 반대를 했다. 엄마가 중국에 가면 누가 우리에게 밥해 주는가! 아빠가 집안일을 하신다고 해도 집안이 난장판이 될 게 뻔했다. 엄마가 안 계시는 집은 상상할 수 없었다. 어쩔 수 없이 엄마는 가족들 밥을 차려 주고 남는 대부분의 시간을 그림에 전념하셨다.

그런데 일이 터졌다. 하필이면 사고가 나 엄마의 한쪽 눈이 함몰됐다. 대학 병원에서 여러 번의 대수술을 하셨다. 전신 마취의 후

유증인지 한쪽 눈이 거의 실명돼 엄마는 수술 후 그림을 포기하셨다. 그 이후 엄마는 전혀 다른 사람이 되었다. 생기발랄했던 엄마가 아닌, 짜증과 우울한 표정의 엄마로 차갑게 변했다. 엄마를 본 친구들은, 너무 무섭게 생기셨다고 놀리기도 했다. 엄마가 갱년기 우울증을 혹독하게 겪은 게 그때였던 것 같다. 엄마는 그 일로 폐경이 왔고, 엄마의 웃는 모습을 찾기 힘들었다. 그후 엄마는 몸이 좋지 않아 그림을 그릴 수가 없었다.

최근에는 자식처럼 아끼던 작품들을 미련 없이 남에게 나눠 주셨다. 수중에 남은 작품이 크게 줄었다. 나는 엄마에게 크게 화를 냈다. 마치 먼 곳으로 떠나려는 사람처럼 구는 것이 짜증이 났다. 엄마가 이렇게 된 것은 나 때문인 것 같았다. 그리고 엄마가 되어 보니 가족이냐, 자신이냐의 선택을 놓고 고민하고 방황했을 지난날의 엄마가 생각난다.

가족을 위해 자신의 꿈을 포기하면서 엄마는 얼마나 마음이 쓰라렸을까? 세월을 돌릴 수 있다면, 중국에 가고 싶다고 하셨을 때 적극적으로 응원하고 지지해 드리고 싶다. 만약 그랬다면 당시에는 다들 힘들었을지 몰라도, 지금쯤 엄마도 나도 훨씬 멋진 삶을 살아가고 있지 않았을까.

엄마는 나에게 결혼하지 말고 하고 싶은 거 다 하면서 살았으면 좋겠다고 말씀하신 적이 있다. 엄마는 밥도 안 먹고 자신만의 작업실에서 그림만 그리면서 지내고 싶다고 하셨다. 그림을 그릴 때가 제일 행복하다며. 그때는 엄마를 이해할 수 없었다. 비록 잘나지도 못 하고 말도 안 듣는 자식이지만, 아이들을 키우는 게 좋은 것 아닐까 생각했다. 게다가 결혼도 하지 말라니. 엄마는 결혼해서 아이도 둘이나 낳았는데 말이다.

생각해 보니 엄마는 내게 "여자니까 할 수 없다."라는 말을 하신적이 없다. 오빠처럼 나도 대학에 가서 직장을 다니는 사회인이 되기를 바라셨다. 집에서 설거지를 하려고 하면 엄마는 못 하게 하셨다. 그리고 오히려 오빠를 대신 시키셨다.

"여자에게 설거지가 얼마나 지긋지긋한데."

엄마는 내가 성적을 잘 받아 오면 함박웃음을 지으셨다. 나의 진로에 대해서는 딱 한 번 의견을 내비치셨다.

"수진아, 엄마는 네가 교대에 갔으면 좋겠다. 여자가 직장 다니는 게 쉽지가 않아. 그나마 교사는 결혼하고서도 할 수 있는 일이야. 일도 하고 돈 모아서 여행도 다니고 그렇게 살았으면 좋겠어."

결국 나는 교대에 진학한 후 늦깎이 교사가 되었다. 그러나 사랑에 빠져 눈이 멀었던 나는 결혼과 동시에 일을 그만두었다. 엄마는 그때 학교를 그만두지 않도록 말리지 못한 것을 두고두고 후회하셨다.

아이 엄마가 되고 나자 엄마의 말이 이해되었다. 때론 엄마도 누구의 엄마가 아닌, 자신의 이름을 당당하게 말하고 싶어 한다는 것을. 엄마 이전에 자신만의 시간이 필요한 것이다. 그 시간은 온전히 나 자신을 발견하고 성장시키는 노력에 해당한다. 누군가는 이를 '인생 공부'라고 말하기도 한다. 자아를 발견하고 성숙한 인간이 되기 위한 공부 말이다.

하루는 엄마가 이메일 주소를 만들어 달라고 부탁하셨다.

"엄마, 그런데 아이디를 뭐라 할 거예요?"

"아이디가 뭔데?"

"이름 같은 거요. 생각해 보세요."

"피카소."

"피카소?"

우리 동네 미술 학원 이름이 피카소라는 것을 나중에 알고 나서 마음이 아팠다. 엄마는 '피카소' 미술 학원을 무수히 지나치셨을 것이다. 다시 태어나면 미술 학원에 다녀 보고 싶다는 엄마. 나는 농담 삼아 말하곤 했다. "엄마, 다음 세상에서는 제가 엄마로 태어나서 원 없이 미술 학원에 보내 줄게요. 아니다, 유학도 보내 줄게요." 엄마는 말없이 미소만 지으셨다.

로마가 망한 이유는
모성애가
부족해서다?

현재 내 밥벌이는 대학 시간 강사이다. 어쩌다 보니 교육학과 관련된 과목들을 가르치고 있다. 교육 철학, 교육사, 교육 사회, 교육 심리 등을 강의한다. 하루는 교육사 수업 중 어머니의 자녀 교육과 관련된 이야기를 했다.

"여러분, 대제국 로마가 망한 이유를 아나요?"

학생들은 로마가 망한 것이 교육사와 어떤 관계가 있는지 호기심을 보인다. 결론부터 말하자면 로마는 가정 교육의 부재, 특히 어머니가 자식을 내팽개치고 밖으로 싸돌아다닌(?) 결과라는 이야기가 단골 소재가 된다.

로마의 귀족은 그야말로 손에 물 한 방울 묻히지 않는 자들이었다. 가문이 망하지 않는 이상, 노동을 할 이유가 없었다. 그들에게는 손과 발 노릇을 해주는 노예들이 있었기 때문이다. 로마가 정복 전쟁에서 이길 때마다 노예들의 수는 늘어났다. 어른, 아이 가리지 않고 죄다 노예로 만들었다. 온갖 잡일부터 농사일까지 노예가 하지 않는 일은 없었다. 그러는 사이 로마 귀족들은 한가로이 문학과 예술을 즐기며 품위를 유지할 수 있었다. 그 외의 일들은 노동에 해당했다. 인간이 밥 먹고 살아가는 일을 떠올려 보면, 자질구레한 일들이 많다. 한 끼 밥을 준비하는 과정도, 밥을 먹고 치우는 것도 손이 많이 간다. 그 모든 일들을 대신 처리해 주는 노예가 있으니 귀족의 삶은 참 고고했다.

끝없는 정복 전쟁 결과 노예가 넘쳐 나니 로마의 여자 귀족 또한 우아함을 유지할 수 있었다. 그녀들은 집에서 살림을 할 이유가 없었다. 세탁, 청소, 요리 등의 살림은 노예들의 몫이었다. 전업주부라도 파티를 즐기며 사교를 이어갔다. 심지어 자신의 자녀를 키우는 일도 노동으로 여겼다. 젖을 물리는 일부터 자녀 훈육에 이르기까지 육아는 노예가 담당했다. 노예들은 음식을 만들고 청소도 하는 가운데 짬짬이 우는 아이를 달래야 했다. 이들에게 귀족의 자식을 살갑게 대하기를 기대하는 것은 무리일 것이다. 갑작스레 노예로 살아가는 것도 기구하고 억울한 판에, 고국과 집안을 파탄 낸 자들의 자녀들을 곱게 볼 리가 없었다.

노예는 아이가 말을 안 들으면 부모 몰래 때렸다. 제대로 먹을 것을 챙겨 주지도 않았다. 어떤 로마 귀족은 노예 따위가 고귀한 귀족의 아이를 때리는 것에 불만을 제기했지만, 아이가 죽지 않으면 그만이었다. 어차피 부모는 바깥일에만 관심 있을 뿐, 아이가 어떤 상태로 지내는지 관심이 적었다. 밤중 모유 수유는 로마의 여자 귀족들에게는 먼 나라 이야기였다. 그러니 로마인에게 '사랑과 애정으로 충만한 어머니'는 굉장히 낯선 단어였다. 전업주부란 개념조차 존재하지 않았다. 엄마란 파티에서 여전히 미모를 뽐내는 자이지, 외롭게 육아와 씨름하는 자가 아니었다.

아이를 교육시키는 일도 노예가 담당했다. 귀족들은 똑똑한 노예를 뽑아 자녀 교육을 시켰다. 로마의 아이들에게 애정을 가질 리 없었을 노예들은 아이들을 호되게 훈육했다. 가끔은 아이를 노예에게 맡기는 것을 거부한 이들도 있었다. 노예가 아이들을 사랑스럽게 보살펴 주지 않을 것이라며 노예에 의한 교육을 비판했다. 하지만 노예에게 자녀 교육을 맡기는 일은 유행이었다.

이런 환경에서 자란 아이들의 심성은 어떠했을까. 이들에게 가족 간 끈끈한 정을 기대하기 힘들었다. 부모는 물리적 환경을 제공할 뿐, 아이들의 정서적 울타리가 되어 주지 않았다. 그러니 가정교육이 제대로 이루어졌을 리가 없다. 아이들은 부모의 부와 권력에 존경과 두려움을 가졌으나 부모에게 진심 어린 애정을 가지지 못했다. 만약 이 상태에서 갑자기 노예가 존재하지 않는다면? 노예가 하던 일을 귀족이 직접 해야 한다면? 제 자식조차 직접 키워 본 적이 없는 로마 귀족은 육체노동에 익숙하지 않았다. 로마가 망한 대표적 이유는 노동력과 관련이 있다.

식민지에서 노동력을 공급받을 수 없게 되자 로마는 망해 갔다. 정복 전쟁을 더 이상 하지 못하자 노예들의 공급이 중단되었다. 로마 귀족들은 남아있는 노예의 씨를 말릴 정도로 매우 열악한 근무 환경에서 그들을 부려 먹던 악덕 주인들이었다. 노예가 죽으면 그 노예의 자녀들까지 부려 먹었다. 더 이상 일해 줄 노예들이 없어지자 로마는 힘을 잃어갔다. 나라 안팎이 힘든 상황에서 가정이라도 든든한 방패막이가 되어야 하나 로마의 가정은 끈끈할 수가 없었다. 가정은 로마인에게 정신적 지주 역할을 해 주지 못했다.

이 이야기의 교훈은 무엇일까? '땀 흘려 일하지 않으면 결국 망한다.' 또 하나는 '가정 교육을 남의 손에 전적으로 맡기면 망한다.'는 것. 나아가 '암탉이 울면 집안, 아니 나라가 망한다.'라고까지 말할 수 있다. 부모의 사랑을 제대로 받지 못하고 애정 없는 이에게서 자란 아이가 어른이 된다면? 게다가 그 아이들이 자라 사회의 리더가 된다면? 타인에 대한 애정과 책임 의식이 부족하고 부모처럼 사치와 향락에만 관심을 가지니 나라가 망하는 것은 시간문제일 것이다.

로마가 멸망한 원인은 여러 가지가 있을 것이다. 그 중 가정 교육의 부재로 사회 지도층이 타락했다는, 특히 어머니의 무관심과 자녀 방치가 사회를 몰락하게 했다는 원인 분석은 타당해 보인다. 놀랍게도 여학생들도 이 교훈에 수긍하는 눈치다. 그러니 모성이 없는 엄마는 죄인일 수밖에 없다.

수업은 또 다른 장면으로 넘어간다. 프랑스의 계몽 사상가이자 고전 『에밀』의 저자, 루소(Jean-Jacques Rousseau, 1712~1778)가 살았던 시대의 이야기다. 루소는 1700년대경에 살았으니 18세기 프랑스의 모습이다. 루소는 부모가 자녀를 제대로 키우지 않고 남의 손에 맡기는 세태를 비난한 적이 있다. 역사의 시계 바늘은 18세기까지 왔으나 부모들의 자녀 교육에 관한 인식은 별반 나아진 게 없었다. 여전히 아이들은 따뜻한 부모의 보살핌 속에 있지 못했다. 그런데 뭔가 이상하다.

"엄마란 자들이 애들을 돌보지 않고 무식하고 교양 없는 보모들에게 맡기니, 애들이 제대로 자랄 리가 있겠는가!"

루소는 자녀를 이 여자, 저 여자에게 맡겨 키운 결과 신뢰와 애정을 갖추지 못한 인격 결함의 아이가 생겼다고 보았다. 마음씨 삐뚤어진 아이들이 그대로 자라 이상한 어른이 된다는 것이다. 결국 사회가 부패하고 타락한 이유는 부모가 제 자식을 직접 키우지 않아서였다. 문제는 엄마에게만 책임이 있다는 것이다. 엄마가 제 자식을 제대로 보지 않는 게 문제였다는 것.

물론 대다수의 가정에서 이런 일이 벌어진 것은 아니었다. 귀족만이 자녀를 남의 손에 맡겨 키우게 할 특권(?)을 누렸다. 하류층으로 갈수록 남의 손에 맡길 여유는 없었다. 부모가 생활비를 벌기 위해 온종일 일하러 다니는 동안, 아이들은 어두컴컴한 뒷골목에 방치되었다. 심지어 아이들조차 일하러 다녀야 하는 경우도 있었다. 이렇게 엄마가 돈 번다고 일한 결과, 천사 같은 아이들이 못된 것만 배워 품성이 나빠졌다고 보았다. 루소는 엄마가 전업주부로 가정을 지키고 있을 때 아이들이 착하게 본성을 유지하며 자랄 수 있다고 주장했다. 전업주부인 엄마야말로 아이들의 바리케이드였다. 루소는 엄마가 자녀를 직접 키우면 어떤 결과가 발생하는지 장황하게 설명하기도 했다.

"자녀를 직접 키우면 아이를 착한 사람으로 키워낼 뿐만 아니라 남편과의 사이도 좋아지고 그러다 보면 인구도 늘릴 수 있다."

고로 사회가 타락한 이유는 모두 엄마가 자녀를 다른 이에게 맡기고 여기저기 파티에 다닌 결과라고 단언한다. 루소는 실제로 "어머니가 손수 자식을 키운다면 풍속은 저절로 개선되고 선한 마음이 모든 사람의 마음속에 저절로 생길 것이다."라고 말했다.

루소는 우리에게 '아동'을 발견한 학자로 알려져 있다. 아동은 그저 겉모습이 작은 '사람'이 아니다. 유년기는 어른과 구별되는 '아동기'이다. 아동은 아직 사회의 때가 묻지 않은 순수한 모습을 지녔다. 그렇다면 이 야박하고 험난한 사회에서 누가 아동의 순수함을 보호해 줄 수 있는가. 그냥 놔두었다가는 순수함은커녕 어른 못지않게 때가 묻어 버린다. 루소가 보기에 엄마야말로 아동의 순수함을 지켜줄 수 있는 존재다. 이로써 아동의 순수함을 지켜줄 존재로 현모양처 이미지를 구축한 셈이다.

아동기에는 어머니가 절대적으로 필요하다. 어머니는 다른 것은 다 제쳐 두고 아이 옆에 보호막이 되어 주어야 한다. 그러니 인류 역사에서 아동기라는 개념이 발전함과 동시에 자녀에게 헌신하는 모성 또한 동시에 강조될 수밖에 없었다. 모성은 처음부터 갖춰진 게 아니라 근대로 향하면서 만들어진 생각인 것이다. 그것도 '남자'의 머릿속에서.

이쯤에서 루소의 생애를 살펴보자. 실제로 그의 삶은 무척이나 기구했다. 루소의 어머니는 그를 낳다가 죽었다. 루소는 애정이 별로 없는 아버지 손에서 자랐다. 아버지는 루소가 열 살 때 집을 나갔다. 그 뒤 숙부 집에서도 살다가 여기저기 남의 집에 맡겨졌다. 루소야말로 이 집, 저 집 기웃거리며 자라야 했다. 부모의 애정을 받아 본 적이 거의 없었다. 그래서인지 루소는 학문적으로는 위대한 업적을 남겼을지 몰라도 부모로서는 빵점이었다. 하녀 테레즈와 낳은 다섯 명의 자녀 모두 고아원에 맡겼으니 말이다. 이에 대한 루소의 변명 또한 어이가 없을 정도이다.

　"나보다 고아원에서 더 잘 키워 줄 것 같아서 그랬어."

　"나는 글을 써야 하는데 언제 애들을 돌보겠어."

　그나마 양심의 가책을 느꼈는지 아니면 자신의 기구한 인생이 한심했는지, 루소는 이 모든 게 다 어머니가 부재했기 때문이라고 생각했는지 모르겠다. 그래서인지 루소는 자녀의 삶에서 어머니가 얼마나 중요한지를 더욱 강조한 것 같다. 자기가 타락한 영혼이 된 까닭은 어머니의 부재에서 시작됐다고 말하고 싶었던 것이다. 어찌 어머니만의 탓이겠는가. 어머니가 그 자리에 없으면 아버지가, 친척들이, 이웃 사람들이 애정을 가져야 하는 게 당연하다. 애를 엄마 혼자서만 키울 수는 없다. 어머니는 비록 단명했지만 아버지가 살아 있었다. 아버지도 루소를 버리고 집을 나갔지만, 루소는 아버지에 대한 불만은 드러내지 않았다.

　어쩌면 루소는 한 번도 보지 못한 어머니에게 환상을 품었을지 모른다. 자신의 어머니가 살아 있었다면 자상하고 따뜻했을 거라고. 루소는 자신을 돌보던 아버지, 숙부, 친척들, 이웃 사람들의 그릇된 애정은 주목하지 못했던 게 분명하다. 어찌됐든 루소 이후 엄마의 모성애는 기정사실화되었다.

엄마는 집에서 아이 교육에 책임져야 한다는 주장까지 있다. 어머니가 집에서 아이 교육을 위해 혼신을 쏟아야 한다는 것이다. 교육학자인 코메니우스(Johann Amos Comenius, 1592~1670)는 아예 '어머니 무릎 학교'라는 말을 만들어냈다. 어머니 무릎 학교란 아이가 태어나 6세까지는 어머니의 보호와 애정 속에서 양육되어야 한다는 뜻이다. 그런 보살핌이 있어야 자녀가 건전하고 올바르게 자랄 수 있다고 보았다.

역사는 점점 결혼한 여자, 즉 엄마에게 '이상적인 어머니 상'을 만들어 주었다. 따뜻한 눈빛, 애정과 사랑이 가득한 엄마는 그야말로 이상적인 이미지였다. 역사를 돌이켜 보면 실제로는 애정은커녕 자녀 옆에 있지 않은 엄마들이 많았다. 그런 현실과는 달리 심리학과 의학이 점점 발달하면서 가정에서 엄마가 하는 역할의 중요성은 신화처럼 굳어져 갔다.

1959년 할로(Harry Harlow, 1905~1981)의 애착 실험은 엄마 노릇, 엄마 역할의 중요성을 공식화했다. 실험은 이렇게 진행됐다. 새끼 원숭이를 철사로 만든 가짜 엄마와 지내도록 한 것. 가짜 엄마 역할을 하는 인형은 두 개 만들었는데, 하나에는 가슴에 우유를 매달았고, 또 다른 하나에는 부드러운 천을 감쌌다. 새끼 원숭이가 이 두 가짜 엄마 중 어느 쪽과 잘 지내는지를 관찰하는 것이 관심사였다. 실험 결과 새끼 원숭이는 배가 고플 때에만 잽싸게 우유를 매단 인형에게 달려갈 뿐, 대부분의 시간은 부드러운 천으로 감싼 인형에 매달려 있었다. 새끼 원숭이는 천이 너덜너덜해질 정도로 부드러운 천 인형에 집착했다.

새끼 원숭이가 천을 빨고 잡아당기고 안기는 모습은 보호 본능을 심하게 자극한다. '저 어린 것이 얼마나 엄마 품이 그리운 걸까.' 새끼 원숭이조차 따뜻함을 갈구하는데, 인간의 자식은 오죽하랴. 엄마들아, 밖으로 나돌지 말고, 집에서 아이들에게 따뜻한 품이 되어라. 그러지 않은 엄마들은 모두 유죄. 이에 질세라 어머니 역할과 관련된 실험 결과가 쏟아져 나왔다. 어머니가 아이 옆에 있지 않으면 아이가 육체적으로나, 정신적으로 평균 이하가 된다는 데이터가 나왔다. 직업이 있어 일하러 다녀야 하는 엄마는 최악이라고 비난했다. 엄마는 집에서 무조건 자녀를 돌보고 자녀 옆에 있어 줘야 한다는 목소리에 힘이 실렸다.

도대체 엄마들은 왜 집에서 육아와 살림을 전념해야 하는 존재가 된 걸까? 단순히 자녀의 정서 발달 때문일까? 엄마가 다정한 모습으로 가정 살림을 야무지게 잘하고, 자녀 교육도 현명하게 하는 자라면 아빠의 역할은 무언가? 아빠는 밖에 나가 열심히 일을 하고 돈을 버는 자에 불과한가? 이런 가운데 자식들은 학교에서 열심히 공부하며 집에서는 부모님 말씀을 잘 듣는다. 한마디로 이런 가정이야 말로 '스윗 홈Sweet Home'이다.

공장이 대거 만들어지고 산업이 발달하면서 기업들은 공장에서 일할 체력이 튼튼한 남자를 더욱 필요로 했다. 그런데 물건만 만들면 안 된다. 물건을 사는 사람이 있어야 한다. 그래야 계속 공장을 돌릴 수 있으니까. 남자가 밖에 나가 돈을 벌면, 여자는 그 돈으로 물건을 사서 가정 살림을 꾸려야 한다.

또 산업 일꾼이 될 아이들을 잘 길러 내야 공장이 계속 돌아갈 수 있다. 아내들이 집에서 남편을 내조해야 밖에 나가서 일을 잘할 수 있으니, 기업은 현모양처 아내를 강조할 수밖에 없다. 기업 입장에서는 자신의 꿈과 성취를 실현하는 아내보다는 남편의 기를 살리고 아이들 건강과 학업을 책임지는 아내가 더 바람직한 모습이었다. 여자가 가정을 지킬수록 남자들은 근심, 걱정 없이 회사를 위해 일할 수 있었다. 여자가 육아를 위해 기꺼이 희생할수록, 미래의 산업 일꾼들이 길러질 수 있었다. 여자가 밖으로 나가 자아실현을 하는 것보다 집안을 지키는 일이 기업 입장에서는 더욱 입맛에 맞았다. 그렇게 현모양처 엄마의 이미지는 강조되었다.

물론 집안 살림이 반짝반짝 빛나고 자녀의 몸과 마음 모두 건강하게 잘 자라는 것은 더할 나위 없이 좋다. 그런데 왜 그 역할을 엄마가 해야 하는 것일까? 집안 살림이 꾀죄죄하고, 자녀가 제대로 자라지 못하면 왜 엄마가 반성해야 하는 것일까? 자녀 양육과 집안 살림 등 가정의 크고 작은 일들은 가족 구성원이 함께 해야 하는 것이다. 엄마, 아빠가 골고루 사랑을 주고 자녀가 엇나가지 않게 모범을 보여야 한다.

자녀와 물리적으로 함께 하는 시간이 많아야 엄마가 당당한 게 아니다. 비록 함께 하는 시간이 적어도 아이를 사랑하는 마음을 아이에게 전할 수만 있다면 아이는 바르게 자랄 것이다. 특별한 방법은 없다. 틈틈이 아이의 말을 들어 주고, 아이의 표정을 읽어 주고, 아이를 안아 주며 온기를 나누는 것이다.

대화를 할 때는 아이에게 많은 말을 하기보다는, 아이가 하는 말을 들어 보자. 아직 말이 서툴더라도 아이가 말을 많이 할 수 있도록 화제를 제시해 주자. 아이는 엄마가 이야기를 들어 준다는 사실에 신이나 나중에는 활발하게 몸을 움직인다. 하루에 최소 1시간은 아이에게만 몰입하는 시간을 확보해야 한다. 그 시간에는 아무것도 하지 않고 아이 옆에서 눈을 맞추는 것이 좋다. 그것만으로도 아이는 엄마가 곁에 있다는 것을 안다. 오랜 시간 아이와 있어도 스마트폰을 하느라, 딴 일을 하느라 아이를 건성으로 대한다면 아이는 상실감과 허전함이 계속 쌓일 것이다.

이와 함께 육아는 어느 한쪽의 일방적 책임이 아닌, 가족 구성원이 모두 함께 책임져야 한다는 것을 명심하자. 육아는 누군가에게는 '도와주는' 것이고, 누군가에게는 당연히 '해야 하는' 것이 아닌, 누구나 '함께'하는 것이다.

※ 루소 이야기는 '이윤진(2004), 루소 이래 아동중심교육학이 근대 모성이데올로기 성립에 미친 영향, 교육학연구, 42(3)' 논문을 참고했습니다.

아이 엄마의 착각

철이 없던 시절에는 왜 아이 엄마들은 삼삼오오 모여 수다를 떠는지 이해가 안 됐다. 그들은 세상에서 자신이 제일 힘들다고 불평만 하는 사람들처럼 보였다. 아이 엄마가 되고 나서야 아이 엄마의 마음이 보였다.

엄마들은 함께 모여 이야기를 나누면서 강한 동지애를 느낀다. 난생 처음 경험하는 육아에 두려움이 많다보니 자연스럽게 비슷한 무리 속에서 위안을 얻고자 한다. 동병상련, 혼자만 힘들지 않음을 확인한다. 남편도 들어 주지 않는 육아 스트레스를 풀어 낸다. 각자의 세상살이 정보를 교환하면 왠지 모르게 든든하다. 까마득한 육아의 나날들이 금방 지나간다. 차 한잔 마셨는데 두어 시간이 금세 지나간다.

그런데 문제는 집에 오면 짜증과 우울함이 다시 반복된다는 것이다. 분명 아까 이야기하면서 스트레스를 풀었는데 다시 집에 오면 스트레스가 쌓인다. 이제는 스마트폰을 만지작거린다. SNS와 인터넷 쇼핑을 바쁘게 오고 간다. 똑같은 육아와 살림인데 인터넷 속 그녀들은 행복하고 우아해 보인다. 어떤 옷을 입었는지, 무엇을 먹는지, 어딜 가는지 눈도장을 찍어 두며 때론 대리만족을 한다. 그런데 그때뿐이다. 왜 그럴까? 내 마음이 달라지지 않았기 때문이다. 다른 사람과 이야기를 나눌수록 스트레스가 사라진 것 같지만, 속은 더 비어 간다. 게다가 사람들과 모이다 보니 또 다른 갈등과 불안이 생기기도 한다.

아이의 사회성을 길러 준다는 이유로 엄마들의 사회성까지 시험하는 상황이 벌어진다. 예전 같으면 아이가 동네에서 친구를 자연스럽게 만들었지만, 이제는 엄마가 아이에게 친구를 만들어 줘야 하는 분위기다. "언제 차 한잔 같이 해요." 아이들끼리 안면을 트게 해 주기 위해서는 엄마들끼리 먼저 친해져야 한다. 그러니 낯가림이 많고 어울리는 게 싫은 엄마는 아이에게 친구를 만들어 주기가 쉽지 않다. 이렇게 엄마가 얼마나 적극적이냐에 따라 아이의 또래 관계도 달라지는 게 현실이다. 그러다 보니 가치관, 성격이 맞지 않는 엄마와도 꾹 참고 친하게 지내야 하는 상황도 생긴다. 몇 번 시행착오를 거친 끝에, 그런 관계는 자신이 원한 것이 아니었음을 깨닫는다. 남은 건 아메리카노 수십 잔과 디저트 수십 개의 기록, 그리고 공허함이다.

아이 엄마들이 불편하지 않은 척, 불편한 관계를 지속하는 이유는 뭘까? 육아 정보에 뒤처지지 않기 위해 혹은 아이의 또래 관계

유지를 위해서이다. 상대 엄마의 인간적인 면모에 매력을 느껴 다가간 게 아니라 단지 아이에게 도움이 될까 싶어 만남을 이어 간다. 불편한 관계를 억지로 지속하지 말자. 처음부터 아이를 위한다는 핑계로 일부러 사람을 사귀려고 하지 말자. 정말 좋은 사람이라면 그 사람의 매력 때문에 자연스럽고 편하게 어울리게 되어 있다.

M E M O

공부 계획을 적어 보자

3장

공부는
인생의
의미를
찾아가는
일

자신의 이름을
지킨 여인,
빙허각 이씨

앞서 이항로의 둘째 딸 벽진 이씨를 살펴보았다. 벽진 이씨는 전형적인 엄마의 삶에 순응한 편이었지만, 모두가 그런 삶을 살아간 것은 아니었다. 비록 가뭄에 콩 나듯 매우 희박했지만, 살림과 육아를 하면서도 공부를 병행해 자아실현을 시도하는 엄마도 있었다.

그 중 대표적 인물은 영조 때 살았던 빙허각 이씨(憑虛閣 李氏, 1759~1824)다. 빙허각은 선비 집안의 막내딸로 태어나 아버지에게 사랑을 듬뿍 받았다. 아버지가 무릎에 앉혀 직접 옛 성인의 글을 가르치면 빙허각 이씨는 아이답지 않게 그 뜻을 다 이해했다고 한다. 어려서부터 공부에 적극적이던 그녀는, 집안의 웬만한 책은 다 읽을 만큼 똑똑했다. 그녀는 열다섯 살에 세 살 연하의 서유본(徐有本, 1762~1822)과 결혼했다. 이들 부부는 서로를 믿고 아껴 주며 함께 공부했다. 집안일 하랴 애들 돌보랴 바빴지만 짬짬이 공부한 결과, 빙허각 이씨는 오십 무렵 『규합총서閨閤叢書』라는 책을 세상에 내놓게 된다.

이 책은 부녀자들에게 도움이 될 만한 생활의 지혜가 담겨 있다. 항목별로 내용을 체계화했다는 점에서 보면 가정생활을 위한 백과사전이라 할 수 있다. 이후 부녀자들 사이에서 필독서로 입소문이 나면서 이 책을 베껴 보관하는 이들이 많았다. 오늘날 이 책은 가정학, 국문학, 역사학 등에서 학문적 가치를 인정받아 주목 받고 있다. 『규합총서』는 우리나라 여성이 최초로 만든 백과사전류의 책이다. 빙허각 이씨는 의, 식, 주와 관련된 내용을 체계적으로 분류하여 정리하였다. 음식 만드는 법, 농사 짓는 법, 옷 만드는 법, 가축 기르는 법, 땅을 정하고 집을 짓는 법, 태교 법과 아이를 기르는 법 등 살림살이에 요긴한 내용들이 담겨 있다.

책 제목인 『규합총서』는 남편 서유본이 지었다. 내친 김에 그는 서문까지 썼다. 빙허각 이씨는 자신의 글을 소중히 여겨 주는 남편의 모습에 뿌듯했을 것이다. 서유본은 자신의 아내가 가난한 살림살이에서도 불평 없이 지내는 가운데 틈틈이 삶의 지혜를 기록해놓았다면서 아내를 매우 자랑스러워했다. 빙허각 이씨는 육아와 살림, 생계를 꾸려 가면서 어떻게 방대한 분량의 책을 쓸 수 있었을까? 『규합총서』 편찬 과정을 살펴보면 몇 가지 특징을 찾을 수 있다.

첫째, 보고 듣고 접하는 모든 경험을 활용해 자기 것으로 만든다.

공부란 꼭 정규 학위 과정을 거쳐야만 할 수 있는 것이 아니다. 무늬만 학위일 뿐, 정작 일상에서의 공부에 도움이 되지 않는 경우가 많다. 게다가 아이를 키우고 집안일까지 해야 하는 주부의 입장에서 '무늬만 공부'에 적지 않은 시간과 금액을 투자할 이유가 없다. 학창 시절 왜 공부를 해야 하는지 필요성을 느끼지 못하고 공부했던 경우를 생각해 보자. 학교에서 배우는 내용이 내 삶과 전혀 연관이 없다고 생각하니 더욱 공부에 매력을 느끼지 못 했을 것이다. 진짜 공부는 내 삶에 조금이라도 긍정적인 변화를 가져다 줄 수 있어야 한다.

그렇다면 공부는 학교에서 교과서를 달달 외우는 거짓 공부가 아닌, 일상의 모든 경험으로부터 얻는 지혜라 말할 수 있다. 빙허각 이씨는 과거 시험을 준비한 것도 아니고, 특별히 정규 수업을 받은 적도 없다. 하지만 제법 공부를 한 남자 선비들도 할 수 없었던 일을 해낸 것이다. 그녀가 수많은 지식을 체계적으로 기록하여 정리할 수 있었던 까닭은 무엇일까?

빙허각 이씨가 시집을 간 서유본 집안은 실학 학풍을 지닌 가문이었다. 서유본은 우리에게 익숙한 인물은 아니지만, 그의 가문은 대대로 학자 집안으로 유명했다. 서유본의 할아버지인 서명응, 서명응의 동생 서명선, 서유본의 아버지 서호수 등은 방대한 양의 책을 남겼다. 규장각, 장서각 등 책과 관련된 관직에 있으면서 일상생활에 유용한 지식을 모아 책으로 편찬하였다. 특히 백성의 삶에 유용한 농업 분야의 책으로 유명하다.

집안 대대로 내려오는 학문 풍습을 보통 '가학家學'이라 하는데, 가학이 절정에 이른 시기는 서유본의 동생 서유구 때이다. 집안에 무려 8천여 권의 책을 보유했던 서유구는 『임원경제지林園經濟志』라는 농업 관련 백과사전을 완성하였다. 서유구는 비슷한 시기를 살았던 다산 정약용에 비하면 이름이 알려지지 않았지만, 다산의 명성에 못지않게 훌륭한 책이 『임원경제지』다.

『임원경제지』는 농업, 천문학, 수학, 어업, 의학 등 총 16개 분야 일상생활의 지식을 체계적으로 정리한 책이다. 우스갯소리로 이 책 한 권만 있으면 무인도에서도 살아남을 수 있다고 할 정도로 거의 모든 지식이 담겨 있다. '조선의 브리태니커'로 불릴 만큼 분량도 어마어마하다. 그렇다면 이 책을 다 쓰기까지 시간이 얼마나 걸렸을까? 총 113권 52책, 서유구는 무려 30년의 세월 동안 이 책을 쓰는데 집중했었다. 개인이 혼자서 이룬 성과였다.

어려서부터 책을 무척 좋아했던 빙허각 이씨는 결혼 후 틈틈이 서유본 일가에서 편찬된 책을 빠짐없이 읽었다. 시할아버지부터 남편, 그리고 본인 모두 책을 가까이하며 손에서 놓지 않았다. 공부란 실제 생활에 유용해야 한다는 학문관을 지닌 서유본 일가의 가학은 빙허각 이씨에도 영향을 끼쳤다. 이들이 주고받은 대화 또한 모두 실용적으로 도움이 되는 지식에 관한 이야기로, 빙허각 이씨는 젊은 시절부터 이들과 가까이하면서 자신의 공부를 채워 나갈 수 있었다. 특히 서유구가 평생에 걸쳐 『임원경제지』를 집필하는 과정은 그녀에게도 지적 자극을 주었다. 그리고 오십이 넘어 이제까지의 공부를 집대성한 결과물이 바로 『규합총서』였다.

서씨 일가와 한집에 살던 빙허각 이씨는 이들이 정보를 수집하고 체계화하는 법을 눈으로 직접 확인할 수 있었다. 비록 어깨너머로 보고 들은 것이지만 빙허각 이씨는 이를 스펀지처럼 받아들일 줄 알았다. 빙허각 이씨는 주위의 인물들로부터 사물을 예리하게 관찰하고 경험을 중시하는 습관을 배울 수 있었다. 살림하는 엄마에서 그치지 않고, 늘 책을 읽고 주위 사람의 의견을 경청했다.

이처럼 공부는 학교라는 공간을 통해서만 이루어지는 것이 아님을 알 수 있다. 주위를 둘러보자. 지금은 옛날과 달리 인터넷으로 얼마든지 원하는 정보를 구할 수 있다. 질 좋은 인터넷 강의, 심지어 사이버 대학 등에서 마음만 먹으면 정보를 얻을 수 있다. 그뿐만이 아니다. 평생 교육원, 도서관, 소규모 독서 모임 등을 꼼꼼히 활용하면 스스로 원하는 커리큘럼을 만들어 공부할 수 있다. 부지런히 발품을 팔수록 다양한 공부의 세계를 만날 수 있다.

둘째, 남의 시선은 무시하고 자신이 잘할 수 있는 분야를 찾는다. 빙허각 이씨는 푼돈도 벌어야 하고 육아도 해야 하고 살림도 하느라 공부에 충분한 시간을 내기가 쉽지 않았을 것이다. 그럼에도 짬짬이 시작한 공부를 죽을 때까지 쉬지 않고 이어 갔다. 꾸준히 공부를 했다는 것은 누군가 시켜서 억지로 한 게 아니었다는 의미다. 그렇다면 빙허각 이씨는 적성에 맞는 방식을 찾은 셈이다. 그녀는 관심사에 맞는 공부를 찾았다. 어떻게 하면 살림살이를 지혜롭게 할 수 있는가에 관심을 가진 것이다. 살림살이에 관계되는 모든 방면의 지식을 허투루 보지 않았다.

빙허각 이씨는 11명의 자녀를 낳았지만 대부분 일찍 죽는 바람에 3명의 아이만 남겨 두었다. 자식들을 먼저 보내 상실감이 매우 컸지만 여기에 주저앉지 않았다. 그녀는 아이를 키우는 과정에서 어떻게 해야 아이가 아프지 않고 건강하게 클 수 있을지 궁금해했다. 태교, 질병 관리, 육아에 관한 다방면의 책을 읽는 가운데 지식을 얻고 이를 바로 적용해 보기도 했다. 없는 살림살이에 보탬이 되고자 동네 산에서 농작물을 얻는 방법에도 관심을 가졌다. 어떻게 해야 농작물을 잘 키울 수 있을지도 궁금해했다. 그녀는 궁금하면 꼭 해결해야만 했다. 책을 통해 궁금증을 풀기도 했지만 몸으로 직접 부딪치는 방법을 활용했다. 손수 밭농사를 하면서 궁금한 정보를 얻었다.

이렇듯 빙허각 이씨가 평생 한 공부는 생활에 도움이 되는 유용한 것과 관련된다. 그녀는 자식을 잘 키우고 살림을 나아지게 해야 하는 현실과 공부를 연결시키려고 했다. 또한 자신에게 필요한 것을 얻는 데에 그치지 않고, 이를 잘할 수 있는 일로 발전시켰다. 그리고 이 모든 과정을 즐겼기에 결국 좋아하는 일로 만들 수 있었다.

셋째, 주위의 도움을 적극 이용한다. 주위를 둘러보면 조언이나 협조를 아끼지 않고 해 주는 사람들이 분명히 존재한다. 공부는 혼자 하는 것이지만 제대로 방향을 잡아주고 의지를 북돋아 주기 위해서는 이웃이 있어야 한다. 재주 많고 똑똑한 빙허각 이씨였지만,

그녀가 공부를 지속할 수 있었던 배경에는 남편의 외조도 큰 몫을 했다. 서유본은 아내의 잠재력을 인정하고 발굴할 수 있도록 도와줬다.

이들은 서로를 '지기知己'라고 부를 정도로 단순한 부부 이상의 관계였다. '지기'란 서로를 알아주는 벗이다. 집안이 몰락하고 먹을 것이 늘 부족하고 자식들과 일찍 이별하는 아픔을 겪는 동안, 부부는 잘잘못을 따지기보다 서로 의지하며 더욱 돈독해졌다. 서로를 애틋하고 측은하게 여기며 슬픔과 고통을 함께 나누고자 했다. 빙허각 이씨는 힘든 삶을 내색하기보다 공부를 통해 승화시키고자 했다. 서유본은 아내의 마음을 이해했기 때문에 빙허각 이씨의 삶을 지지해 주었다.

당시 여자가 많이 알면 남자들은 이를 비난하곤 했다. 게다가 살림하는 여자가 공부라니 당치도 않은 소리였다. 그러나 서유본은 가난한 살림살이에도 틈틈이 공부하는 아내를 자랑스러워했다.

"우리 아내는 산에 살아서인지 벌레나 나물을 누구보다 많이 알지!"

게다가 그 지식은 책으로만 익힌 죽은 지식이 아니라, 직접 산에서 살며 밭을 일군 경험에서 나온 지식이라고 치켜세웠다. 남편의 전폭적인 지지와 칭찬은 빙허각 이씨가 공부를 하게 만드는 원동력이 되었다. 이처럼 이들 부부의 금실은 매우 좋았다. 결혼 초부터 서유본은 집안일로 고생하는 아내에 대해 애정과 감사를 적극 표현했었다. 특히 집안이 몰락하고 나서는 자신 때문에 더욱 고생하는 아내에게 미안해했다.

서유본은 집안일뿐만 아니라 학문도 함께 닦았다. 이들은 서로 학문적으로 궁금한 것을 이야기하고 의견을 제시하면서 지적 활동에 도움을 주려고 했다. 빙허각 이씨가 『규합총서』를 쓸 수 있었던 배경에는 남편의 애정 어린 관심이 적지 않은 역할을 한 셈이다. 남편의 이해와 지지가 있었기에 가능한 일이었을지도 모른다. 이렇게 공부와 저술 활동을 적극적으로 외조해 준 남편이 죽자 빙허각 이씨는 음식 섭취를 거부하였다. 더 이상 삶의 의미를 찾을 수 없게 된 것이다. 결국 빙허각 이씨는 서유본이 죽고 2년 후에 삶을 마쳤다.

넷째, 자기 계발은 편안한 환경 속에서가 아닌 어려움을 극복하는 가운데에서 나온다. 흔히 안팎으로 걱정, 근심이 없을 때 공부를 할 수 있다고 생각한다. 금전적으로 어려움이 없고, 자식이나 배우자·집안 어른들이 모두 무탈하는 등 방해 요소가 없어야 공부가 가능하다고 여긴다. '걱정이 태산인데 머릿속에 공부한 것이 들어가?', '머리가 복잡해서 공부는 꿈도 못 꿔!' 그러나 대개의 삶이 그렇듯 완벽한 조건을 갖추기는 불가능하다. 빙허각 이씨의 경우도 마찬가지였다.

빙허각 이씨가 『규합총서』를 편찬할 때에는 책을 쓰기 좋은 환경이 아니었다. 그녀의 나이 48살, 집안 어른이던 서형수가 정치적 사건에 휘말리면서 유배를 가게 되었다. 이 일로 서씨 집안은 하루아침에 몰락했다. 빙허각 이씨는 후환을 피해 살던 동네를 떠나야 했다. 집안 형편은 더욱 어려워져 그녀는 남편과 함께 밭을 일궈야 했다. 공부를 하기에 마음이 편한 환경이 아니었다. 하지만 이런 와중에도 그녀의 공부는 계속되었다. 자식들 밥 챙겨주랴 밭일하랴 집안 살림하랴 몸이 부족한 상황이었지만 오히려 공부는 더 깊어졌다. 없는 시간을 쪼개 가면서 공부를 했던 것이다.

상상해 보자. 집안의 누군가가 억울하게 감옥에 갇혔다. 하루아침에 집안이 망했다. 불안한 미래에 대한 걱정, 극심한 스트레스 때문에 심신이 온전치 못하는 상황에 부닥쳤다. 대부분 이런 때는 아무것도 하지 못한다. 손에 일이 잡히지 않기 때문이다. 그러나 빙허각 이씨는 침착하게 공부를 했다. 공부는 일종의 치유제였다. 껍데기만 남은 육체로 살고 싶지 않았던 그녀에게 공부는 마음에 불을 지펴주는 존재였다. 만약 빙허각 이씨가 근심 걱정이 사라지고 나서 공부를 하겠다고 결심했다면 『규합총서』는 세상에 존재하지 않았을 것이다.

자, 이쯤에서 공부는 하고 싶지만 흔히 떠올리는 우리의 핑계를 살펴보자.

'아이들이 좀 더 크고 나면.'

'돈 좀 벌어 생활비가 어느 정도 생기면.'

'집안 어른을 돌보는 일이 끝나면.'

'건강이 좋아지면.'

핑계부터 찾는 대부분의 사람들과 달리 빙허각 이씨는 공부에 한계를 두는 '가정'을 생각하지 않았다. '만약 ~라면'과 같이 현실과 다른 상황을 가정하며 아직 오지 않은 시간을 기다리지 않았다.

죽기 전까지는 예측하기 힘든 상황이 항상 펼쳐진다. 아무것에도 방해받지 않는 시간은 결국 죽고 나서야 가능한 일인지도 모른다. 엄마들의 걱정은 끝이 없다. 자식 걱정, 남편 걱정, 끼니 걱정 등. 그러나 걱정만 한다고 달라지는 것은 없다. 빙허각 이씨는 걱정을 성장의 기회로 삼았다. 자신을 둘러싼 상황에 굴복하기보다 과감히 이를 벗어나고자 했다. 그리고 물음들을 해결하기 위해 시간을 투자한 셈이다. 빙허각 이씨는 어쩌면 공부하고 책을 쓰면서 극한 스트레스에서 벗어날 숨통을 찾은 것인지도 모른다.

자신에게 맞는
공부 방식을 찾아서

아이를 낳은 후 얼마 동안 나는 허리를 제대로 펼 수가 없었다. 꾸부정하게 서 있는 모습이 영락없는 할머니였다. 아이를 낳기 전엔 멀쩡했는데 허리와 꼬리뼈 쪽으로 극심한 통증이 생겼다. 원래 뼈가 약한데다가 출산 후유증으로 몸 상태가 그야말로 말이 아니었다. 물리 치료를 받으러 가던 날, 어떤 남자가 뒤에서 "할머니, 좀 비켜 보세요."라고 소리친 적이 있었다. 뒤돌아 남자와 눈이 마주쳤을 때, 서로 민망했다.

이런 상황에서 남편이 출근하면 집에는 갓난아기와 허리도 제대로 못 펴는 나 이렇게 둘뿐이었다. 조용한 동네라 그런지 동네에 산책을 나가도 잠시 말벗이 되어 주는 사람은 마트 직원이 유일했다. 정육점 코너에서 일하는 아주머니는 나를 보면 딸이 생각난다며 외로운 내게 말벗이 되어 주셨다. 남편의 퇴근을 눈이 빠지게 기다린다는 이야기는 더 이상 남 이야기가 아니었다.

그렇게 허리가 펴지지 않을 줄 알았는데, 시간이 지나면서 몸이 조금씩 괜찮아졌다. 게다가 아기에게 수면 습관이 생기면서 한숨 돌릴 수 있었다. 아기는 낮에 두 번 정도 낮잠을 자고, 밤에 길게 잠을 자기 시작했다. 그러더니 기특하게도 저녁 일찍 잠이 드는 패턴이 생겼다. 아이가 낮잠을 자는 시간, 그리고 일찍 잠이 들고 난 이후 황금 같은 내 시간이 생긴 것이다. 아이가 낮잠을 자면서 하루의 일정을 어느 정도 예측할 수 있게 되었다. 낮잠 시간이 적어도 1시간, 그러니 낮 동안 2시간 정도의 내 시간을 갖게 된 것이다.

특별히 머리가 좋거나 공부를 잘한 것도 아니었고, 주위에서 도움 받을 인맥도 없었지만, 그나마 내게 공평하게 주어진 것은 '시간'이었다. 홑몸일 때는 시간의 소중함을 생각해 본 적이 없었다. 그야말로 시간을 흥청망청 사치하면서 지낸 적이 많았다. 하지만 아이를 낳은 후에는 시간을 자린고비처럼 아껴 가며 대하고 싶었다. 얼마 만에 얻은 내 시간인가! 아이가 잠들려고 하면 마음이 분주해졌다. 일분일초, 한 톨의 시간이라도 허투루 흘려 보내고 싶지 않았다.

아이가 잠이 들면 얼른 책을 펴고 메모하며 읽었다. 처음에는 책을 펴면 나도 모르게 꾸벅 졸았다. 침까지 질질 흘려 가며 졸고 나면 아차 싶었다. 그래도 졸면서도 책을 보려고 노력했다. 길면 2~3시간, 어떤 날엔 1시간도 내기 힘들었지만, 매일매일 가급적 쉬지 않고 공부를 이어 갔다. 그 시간만큼은 스마트폰을 멀리 했다. 어쩌다 스마트폰을 보게 되면 어이없게도 30분은 허무하게 날아갔다. 몸에 좋은 음식 기사에도 눈이 가고, 평소 관심 있던 연예인 기사도 슬쩍, 유명 블로그도 잠깐 구경하다 보면 시간이 금방 지나갔다. 한번은 스마트폰이 고장 난 적이 있었다. 처음에는 너무나 답답했지만 공부하기에는 득이었다. 그렇게 느리지만 차곡차곡 시간을 쌓아 가며 석사 과정을 시작했고 마칠 수 있었다.

그런데 문제는 박사 과정이었다. 졸업 논문을 통과하기 위해서는 과제가 많았다. 시간이 절대적으로 부족했다. 그러는 사이 아이는 네 살이 되었다. 오전에만 어린이집에 보내기로 했다. 아직 말도 못하는 아이를 기관에 보낸다는 게 죄스럽게 느껴졌다. 그러나 동네 놀이터에 가도 같이 놀 아이가 없었다. 평일 낮의 동네 놀이터는 인적이 드물었다. 아이들은 일찍부터 어린이집이나 유치원에 갔다. 고향이 아닌 타지에서 생활하는 나에게는 가까이 사는 친구도 없었다. 하루 종일 아이와 나 단둘이었다.

우리 동네는 외곽에 있어 유모차를 끌고 밖에 나가도 이야기를 나눌 사람을 만나기가 쉽지 않았다. 유일한 대화 상대는 아이였지만, 아이는 아직 어렸다. 체력의 한계로 점점 말수가 줄어드는 나와 달리, 아이는 점점 활동량이 많아졌다. 아이를 낮에 어린이집에 잠깐 보내는 게 아이에게도 더 낫겠다는 생각이 들었다. 그사이 나는 집안일과 공부를 하고, 아이는 친구들과 함께 지내면서 자극에 노출되니 여러모로 나쁘지 않아 보였다. 한시라도 빨리 학업을 마쳐야 한다는 등 이런저런 생각에 아이를 데리고 어린이집에 갔다. 아이는 며칠은 잘 적응하는 듯 보였다.

그러나 착각이었다. 아이는 낯선 환경에 적응하느라 스트레스를 받고 있었다. 의사 표현을 제대로 못하는 데다가 성격이 그리 활발한 아이가 아니었다. 겉보기에는 아무런 문제가 없어 보였다. 그런데 밤에 잠을 자다 갑자기 깨서 울고 떼쓰는 행동을 보였다. 게다가 그때부터 아이는 하루가 멀다 하고 열이 났다. 한번 열이 나면 열이 내려가는 데 일주일이 걸렸다. 기관지염이 낫고 나면 폐렴, 폐렴이 낫고 나면 수족구, 장염 등 각종 유행하는 질병은 다 걸렸다. 또 알레르기성 비염으로 환절기가 되면 병원을 제집처럼 다녀야 했다. 아이는 어린이집에 가는 날보다 못 가는 날이 더 많았다.

어린이집에 거부감을 보이는 아이를 계속 보낼 수 없었다. 그래서 보내지 않았는데 면역력은 여전히 좋지 않았다. 아이가 아플 때에는 수업을 가기는커녕 책을 읽을 수도 없었다. 아플 때마다 밤에 수시로 깨고 울었다. 가뜩이나 입이 짧은 아이는 더 안 먹어 속을 태웠다. 아이는 더운 여름, 거의 두 달간 병원에 입원과 퇴원을 반복했다. 그 사이 내 면역력 또한 바닥이 났다. 아이를 낳고 나서 체력을 보충할 틈이 없었다.

아이가 열이 나면 나 또한 열이 났다. 그러나 아이를 보살펴야 했기에 제대로 쉴 수가 없었다. 아이는 입원을 했을 때에도 수시로 열이 났다. 밤새 땀으로 범벅이 된 아이를 챙기느라 푹 잘 수 없었다. 좁은 병실에 아이와 나, 누구 하나 찾아오는 이 없어 일주일을 하루 종일 외롭게 지냈다. 누군가 내게 말을 건넨다면 금방이라도 눈물이 쏟아질 것 같았다.

아이가 입원과 퇴원을 몇 번 반복한 사이, 내 심신이 약해졌다. 이 와중에도 책을 가져갔지만 당연히 꺼낼 수가 없었다. 의사 선생님은 아이보다 내 건강 상태가 훨씬 나쁘다며, 내가 입원해야 한다고 했지만 그럴 수가 없었다. 나 또한 폐렴을 몇 번 지독하게 앓고 난 뒤, 기관지 일부가 영구히 늘어났다. 기관지가 제대로 작동하지 못 하니 이젠 감기만 걸리면 폐렴으로 이어졌다. 이후 나는 우울증이 심해졌다. 잠깐이라도 외출을 하고 나면 열이 오르고 폐렴 증세가 나타났다. 항상 마스크를 쓰고 다녀야 한다는 생각이 들어 더 우울해졌다. 미세먼지로 공기가 나쁜 날이 늘어나면서 가래와 기침이 끊이지가 않았다. 이러다 사회 활동을 정상적으로 할 수 있을지, 평생을 이렇게 살아야 하나 싶어 안 좋은 생각이 들었다.

불현듯 내 나이 때에 돌아가셨다는 친할머니가 생각났다. 할머니가 돌아가시자 초등학생인 아빠는 친척 집에 맡겨졌다. 이후 할아버지의 재혼으로 아빠는 일찍 자립해야 했다. 한번 고장난 기관지는 수술로도 고칠 수 없다는 의사의 말에 안 좋은 생각들을 하게 되었다. 이제 다섯 살인 아이의 얼굴을 보니 더 한숨이 나왔다.

병원을 오고 가는 데 걸리는 시간, 진료를 기다리는 데 걸리는 시간을 감안하면, 병원에 갈 때마다 반나절 이상이 걸렸다. 매번 병원에 가도 의사 선생님은 똑같은 말만 했다. "평소에 감기 안 걸리게 조심하는 수밖에 없어요. 밖에 다닐 때는 마스크 쓰고 다니세요." 어떤 날은 5~6시간을 기다렸으나 진료는 2~3분 안에 끝나 허탈하기도 했다. 엑스레이를 찍고 항생제를 먹기를 반복하면서 자

신감이 뚝 떨어졌다. '평범하게 사는 것도 쉽지 않구나.'

폐렴에 걸린 어느 날, 매번 가던 종합 병원이 아닌 동네 병원에 갔다. 환자가 없어 바로 진료를 볼 수 있었다. 그런데 동네 병원의 의사 선생님은 인상이 정말 좋았다. 별 기대 없이 들른 병원이었지만 선생님은 뜻밖에 내게 용기를 주셨다.

"별거 아니에요!"

"(시무룩하게) 네."

"진짜라니까요? 이젠 몸이 어디가 안 좋은지 아니, 그것만 조심하면 되잖아요."

"아!"

의사 선생님 말씀이 맞았다. 어디가 안 좋은지 알기 때문에 조심하면 될 뿐이었다. 원인 없이 아픈 것보다 훨씬 낫지 않은가.

"감기 안 걸리게 하고 평소에 밥도 잘 먹고 잠도 잘 자면 괜찮아요. 그렇게 올해를 잘 견디고 지나가면 또 내년을 잘 견디고. 아직 나이도 젊은데. 나빠지지만 않으면 괜찮아요. 아직 젊으니까 조심하기만 하면 괜찮아요."

그렇다. 나빠지지만 않으면 괜찮은 것이었다. 나빠지지 않게 노력해 보지도 않고, 좌절만 했다. 그 이후로 나는 자기 관리에 들어갔다. 특별한 것은 없었고 규칙적으로 생활하기 시작했다. 괜히 욕심을 부려서 밤을 새우거나 늦게 자면 꼭 탈이 났다. 과도한 욕심에 스스로가 경고를 해 주는 것 같았다. 하고 싶은 일이 많은 만큼 늘 조바심을 냈지만 조바심을 내봤자 건강이 나빠지고, 그러면 오히려 하고 싶은 일을 못 한다는 것을 알게 되었다.

얼른 학업을 마치겠다는 무리한 계획을 버렸다. 애 엄마가 공부를 한다는 것 자체가 대단한 일이니 욕심내지 말자고 생각했다. '공부를 했다는 이유로 어떤 결과를 바라지도 말자. 그저 지금 공부를 할 수 있다는 것에 감사하자.' 그전에는 내 상황에서 할 수 없는 일에까지 욕심을 냈다면, 이제는 할 수 있는 일의 삼분의 일만 하기로 결심했다. 대신 꾸준히 오래 하면 된다고 마음을 다독였다. 다시 초심으로 돌아간 것이다. 왜 공부를 시작했는지를 다시 점검한 것이다. 공부를 다시 시작한 까닭은 평생 할 수 있는 나만의 뭔가를 갖기 위해서였다. 어차피 평생 하기로 한 건데 무리할 필요는 없었다.

누군가가 대신 건강을 챙겨 줄 수는 없는 것이다. 내 몸은 스스로 노력해 관리해야 한다는 것을 다시 확인했다. 그동안 몸을 방치했다는 사실도 깨달았다. 그리고 더 이상 우울해하지 않기로 했다. 주위를 둘러보면 나는 꽤 행복한 사람임을 알게 된다. 육아는 손을 많이 필요로 하지만, 험난한 이 세상에서 당장 끼니를 걱정하지 않으니 얼마나 감사한가. 게다가 이런 상황에서도 그토록 원했던 공부를 하고 있지 않은가.

마음이란 참 알 수가 없다. 똑같은 상황인데 어떻게 마음을 먹느냐에 따라 주위를 바라보는 시선이 달라진다. 어쩌면 공부란 마음의 평정심을 찾아가는 일인지도 모른다. 감정의 기복에 흔들리는 일상 속에서 공부는 마음을 차분하게 훈련시키는 일이다. 마음이 차분해져야 공부를 할 수 있는 게 아니라, 공부를 하다 보니 마음이 차분해지는 것이다. 이때 공부로 마음을 다졌던 습관은 지금도 이어져 화가 나는 일이 생기면 나는 좋아하는 책을 꺼내 본다. 읽다 보면 인간사 별거 아니라는 생각이 든다. 이 또한 지나가겠지.

공부는
인생의 의미를
찾아가는 일

대학 시절 동양 철학 시간이었다. 교수님은 한국 유학을 연구하는 분이셨다. 동양 철학, 심지어 한국 유학에 관해 기억나는 설명은 없지만 유독 유대인 정신과 의사 이야기는 기억에 남았다. 그 주인공은 바로 프로이트 못지않은 심리학의 대가였던 빅터 프랭클(Viktor Frankl, 1905~1997)이었다.

수업은 늘 빅터 프랭클의 로고테라피를 언급하며 끝났다. 교수님은 우연히 빅터 프랭클의 『죽음의 수용소에서』(청아출판사, 2005)라는 책을 읽고 그의 지지자가 되었다고 말씀하셨다. 머리가 희끗하신 교수님은 말씀이 느리고 조용한 분이었지만, 빅터 프랭클 이야기를 할 때는 유독 목소리가 높아지며 말씀이 빨라졌다. 수업을 받을 때는 빅터 프랭클의 이론이 그저 그랬다. 사실 왜 그가 대단한 사람인지 이해되지 않았다. 동양 철학자가 서양의 정신 분석학자에게 강한 영향을 받았다는 게 신선하게 느껴진 정도였다.

그러다 결혼 후 대학원에 진학해 가게 된 학회에서 다시 빅터 프랭클의 이론을 접하게 되었다. 처음에는 어디서 많이 들어 본 이름이다 싶었는데 기억을 되살려 보니 십 년 만이었다. 작년 8월 13일 서울교육대학교에서 진행된 '2016 한국인격교육학회 여름학술대회'를 참석했는데 발표자는 저명한 동양 철학자인 장승구 교수님이었다. 「다산 정약용의 자기치유와 행복관」을 주제로 발표가 진행됐다. 유독 고난과 고통이 깊었던 다산의 삶에 주목하고, 빅터 프랭클의 이론을 통해 다산이 이를 극복한 과정을 해석한 후 어떻게 공부의 결실을 맺었는지를 설명한 내용이었다.

발표를 듣는 동안 잊고 지냈던 학부 시절 교수님이 생각났다. 이분들은 빅터 프랭클의 어떤 점에 끌렸던 것일까. 자신의 전공 분야도 아닌, 서양 심리학자의 이론에 끌린 이유가 무엇이었는지 다시 궁금해졌다. 학회가 끝난 후 집으로 돌아와 『죽음의 수용소에서』를 읽어 보았다. 책을 다 덮기도 전에 나 또한 빅터 프랭클에게 매료되었다. 그리고 나는 내가 힘들게 공부하는 이유를 막연하게나마 확인할 수 있었다. 주위 사람들은 내게 '왜 그렇게 힘들게 공부를 하느냐?'라고 질문하곤 했다. 그럴 때마다 뭐라고 대답해야 할지 몰랐다. 사실 나도 몰랐기 때문이다. '내가 무슨 부귀영화를 누리겠다고 이 고생을 자처하는 걸까.' '애 잘 키우고 살림이나 더 잘하지.' 그러나 책을 읽은 후에는 더 이상 이 질문을 하지 않아도 됐다.

빅터 프랭클은 2차 세계대전 때 아우슈비츠에 강제로 갇힌 150만명의 사람 중 1명이었다. 아우슈비츠 강제 수용소는 잔혹한 인종 학살이 이루어진 끔찍한 곳이다. 대부분 최악의 상태에서 강제 노동을 하거나 가스실에 끌려가 목숨을 잃어야 했다. 살아있는 자들은 뼈와 가죽만 남은 채 앙상한 몰골이었다. 빅터 프랭클 또한 하루에 물 한 컵으로만 생활한 적도 있었다. 창백해 보이거나 아파 보이면 바로 가스실에 끌려갈 수 있으니 한 컵의 물을 아껴 가며 매일 면도를 했다. 조금이라도 생기를 보여야 했기 때문이다.

정신과 의사였던 빅터 프랭클은 이 와중에 수용소 안의 사람들을 관찰하였다. 그가 제기한 의문은 '똑같은 상황인데 누군가는 금방 죽고, 누군가는 살아남는 이유가 무엇일까.'에 대한 것이었다. 그리고 이에 대한 나름의 답을 찾았다. 그 결과를 정리한 게 바로 '로고테라피logotherapy'다.

그리스어 로고스logos는 '의미'라는 뜻이다. 그러니까 로고테라피는 의미치료다. 기존에 주류였던 행동주의자들은 인간이 훈련을 통해 행동을 지속적으로 변화할 수 있다고 주장한다. 그러나 이들은 인간을 기계처럼 바라보았다는 한계를 지닌다. 빅터 프랭클이 제시한 의미치료에서 바라보는 인간은 자유 의지를 가지고 현재를 적극적으로 살아가는 존재다. 행동주의에서 설명하는 것처럼 외부에서 자극을 받으면 수동적으로 반응하는 존재가 아닌 것이다. 또한 인간은 프로이트의 설명처럼 과거에 발목이 잡혀 살아가는 존재도 아니다. 프로이트는 정신 분석이라는 엄청난 이론을 내놓았지만, 아쉽게도 그의 이론대로라면 인간의 모든 행동은 과거가 이미 만들어 놓은 결과에 불과하다. 예를 들면 어린 시절 엄격한 대소변 가리기 훈련을 받은 아이는 커서 정리 정돈에 유독 집착하는 성격을 갖는다고 보았다.

로고테라피에서 바라보는 인간은 과거에 얽매이지 않고, 스스로 자신의 삶에서 의미를 찾으려는 의지를 갖는다. 이 자유 의지야 말로 인간이 살아가게끔 해 주는 원동력이다. 지옥 속에서도 살아남을 수 있는 이유는 스스로가 살아남아야 하는 이유를 만들어 내기 때문이다. 로고테라피의 핵심은 이렇다. '삶의 비극은 고통 그 자체가 아니라, 고통 속에서 의미를 찾고자 하는 의지를 상실할 때 발생한다.' 로고테라피는 정신 치료의 한 방법이 되었지만, 지금도 전 세계 수많은 사람들에게 긍정적 메시지를 전해 주고 있는 대단한 이론이다.

빅터 프랭클이 수용소 생활을 마치고 독일어로 쓴 『한 심리학자의 강제 수용소 체험기 Die Psychotherapie in der Praxis』라는 책은 19개국의 언어로 출판되었다. 영어판만 수백만 부가 팔렸으며 미국의 모든 학교에서는 필독서가 됐다. 우리나라에서는 『죽음의 수용소에서』 라는 제목으로 번역되었고 스테디셀러가 되었다. 이 책을 통해 로고테라피의 핵심을 알 수 있다.

'인간은 스스로 자신의 삶에 의미를 부여할 때 살아갈 의지가 생긴다.'

빅터 프랭클이 유대인 수용소에서 확인한 한 가지 사실은, 극한 상황에서도 살아남을 수 있는 비결은 바로 어떻게 생각하느냐에 달려 있다는 것이었다.

신라의 원효를 떠올리면 로고테라피에 고개를 끄덕이게 된다. 원효는 중국 유학을 희망한 적이 있었다. 중국으로 가는 여정 중 어느 날 밤에 동굴에 머물게 되었다. 밤새 목이 말랐던 그는 주위를 더듬거리다 바가지 안에 담긴 물을 마시게 되었다. 참 달고 맛있었다. 원효는 흐뭇한 마음으로 다시 잠자리에 들었다. 그러나 아침에 일어나 물의 정체를 확인하고 나서 충격에 빠졌다. 지난 밤해골 안에 담긴 물을 마신 거였다. 전혀 깨끗하지도 않았고 게다가 더러운 뼈 속에 담긴 물을 마셨다고 생각하니 구역질이 나왔다. 한참을 괴로워했다. 그러나 원효는 여기에서 멈추지 않았다. 분명 어젯밤 자신은 물을 마시고 기운을 얻었다. 전혀 물의 정체를 의심하지도 않았다. 그렇다면 모든 것이 다 자기 마음에 달려 있는 게 아닐까?

좋은 물이라도 세균이 많을 것이라 의심하면 그 물을 마시는 순간부터 괜히 배가 아프고 컨디션이 나빠진다. 나를 둘러싼 환경을 탓할 필요가 없었다. 내 마음이 문제였다. 마음이 지옥이라면 나는 지옥에, 마음이 천국이라면 천국에 있는 것이다. 이것이 바로 '일체유심조一切唯心造'다. 원효는 바로 유학을 접는다. 유학을 가지 않고도 이미 큰 깨달음을 얻었기 때문이다. 그는 이 일로 마음의 위대함을 확인하였다. 눈으로 볼 수도 없고 손으로 만질 수도 없는 마음이지만, 마음을 어떻게 가지느냐에 따라 삶의 질은 달라진다.

로고테라피의 핵심도 마찬가지이다. 빅터 프랭클은 자신을 둘러싼 어려움, 고통을 어떻게 받아들이는지에 따라 행동과 삶이 달라진다고 말한다. 평범한 인간이 상상할 수 있는 최악의 삶 그 이상으로 수용소의 삶은 참담했다. 수용소를 빠져나올 수 있는 가능성은 희박했다. 스스로 희망을 없애 사람을 무기력하게 만든 후 시름시름 병들어 죽어 가는 것 외에 대안은 없었다. 그러나 자신에게 닥친 엄청나게 불행한 상황 속에서도 의미를 발견한다면 이를 이겨 내는 힘이 생긴다. 이것이 인간이 위대할 수 있는 까닭이다.

아우슈비츠 수용소에서 부딪히는 가장 큰 고통은 우울증이었다. '이대로 이 끔찍한 곳에서 죽어 가는구나.' 이렇게 마음먹은 자는 생기와 웃음을 잃었다. 우울증은 신체 면역력을 급격하게 떨어뜨렸다. 그 안에서 지내는 사람치고, 우울증으로부터 자유로운 자는 없었다. 다들 크고 작은 정도의 우울증을 겪었다. 그럼에도 어떤 이들은 의미를 발견하여 우울증을 극복하였다. 자신을 지켜 낼 수 있었던 것은 좋은 음식, 깨끗한 환경이 아니었다. 고통스런 상황에서도 'Yes!'라고 말할 수 있는 마음가짐 덕분이다.

빅터 프랭클은 고통과 시련이 왜 주어졌는지 그 의미를 스스로 찾아야 한다고 말한다. 그 의미를 찾아낼 수 있다면 영혼은 한층 더 성숙해질 것이다. 빅터 프랭클은 니체의 말을 인용해서 다음과 같은 강렬한 문구를 남겼다.

"'왜' 살아야 하는지 아는 사람은 그 '어떤' 상황도 견뎌 낼 수 있다."(He who has a ′why′ to live for can bear almost any ′how′.)

이제 아이 엄마의 상황을 살펴보자. 점점 우울증으로 고생하는 엄마가 늘고 있다. 그런데 이들을 지켜보는 주위 사람들의 반응은 '도대체 뭐가 불만이지?'라는 의아함이다. 눈에 넣어도 아프지 않을 귀여운 아이가 있으니 얼마나 행복한가. 아이는 울기도 하고 웃기도 하며 그럭저럭 잘 자라고 있다. 극심한 생활고에 놓여 있지도 않다. 남편을 생각하면 완전히 만족스럽지는 않지만 그렇다고 크게 불만을 가질 것도 없다. 그러니 남들 눈에는 '저 정도면 행복한 것 아니야?'라고 의문이 생길 수 있다.

그럴수록 아이 엄마는 더욱 주위 사람들에게 야속하다. 아이 한 명 더 있다는 말은, 자신의 자유 의지가 반절 이하로 줄어드는 것이다. 심할 경우, 집이 창살 없는 감옥처럼 여겨진다. 눈에 넣어도 아프지 않을 사랑스런 아이지만, 창문 밖을 바라만 봐도 눈물이 나온다. 지금 아이 엄마에게 제일 부족한 것은 자존감이다. 아이에게는 절대적 그늘이 되어 주는 태산 같은 존재이지만 정작 자신을 위해서는 아무것도 할 수 없다는 사실에 좌절하게 되고, 그로 인해 자신의 존재가 하찮게 여겨진다. 아이를 유모차에 태우고 길거리에 나간 엄마는 자신만 빼고 모두가 세상에 쓸모 있는 존재처럼 느껴진다. 겉모습이 아니라 내면이 벌거벗겨진 채 텅텅 빈 것 같다.

그렇다면 아이 엄마에게 필요한 것은 자신의 상황에서 의미를 찾는 일이다. 미용실에 가서 머리를 하거나 네일 아트를 받았을 때의 기분은 일시적이다. 달라진 외적 변화에 잠깐 기분이 좋아질 뿐이다. 중요한 것은 겉으로 보이는 껍데기가 아니라, 내면을 업그레

이드 시키는 것이다. 고독한 이 시기는 어쩌면 재충전을 할 수 있는 기회이다. 역사를 돌이켜 보면 실제로 그러했다.

조선 시대에 학문적 업적을 남긴 이들 중에는 유배지에서 홀로 오랜 기간을 갇혀 지내야 했던 사람들이 있었다. 대표적으로 다산 정약용, 추사 김정희를 꼽을 수 있다. 고난과 역경의 아이콘 정약용을 떠올려 보자. 정약용은 나이 마흔에 홀로 전남 강진에 유배되었다. 그때부터 기약 없는 유배 생활이 시작됐다. 공기 좋고 물 좋은 시골은 현대 도시인에게나 휴식의 공간이다. 정약용에게 강진은 말 그대로 감옥이었다. 아무도 찾아오는 이가 없었고, 그렇다고 그곳을 벗어날 수도 없었다.

그러는 사이 자식들은 아빠의 부재 속에서도 계속 커 갔다. 아이들이 자라나는 것을 곁에서 함께 하지 못 한다는 사실은 부성애 넘치는 정약용을 매우 힘들게 했다. 가족과 덩그러니 떨어져 지내야 하는 외로움, 자유롭게 활동하지 못 하는 괴로움은 정약용을 한없이 움츠리게 만들었다. 천하의 정약용일지라도 처음부터 강심장이지 않았다. 그 또한 인간이었기에 자신을 둘러싼 상황에 괴로워했다. 그러나 정약용은 이런 상황에 절망만 하지 않았다. 더 이상 잃을 것도 없었다. 빈 그릇은 다시 채우기 위해 있는 것이었다. 그동안 바쁘게 지내느라 자신을 돌이켜 보지 못 했음을 깨닫고, 홀로 있는 동안 자신을 되돌아보기 시작한다.

'나는 어떤 사람인가. 왜 이렇게 되었을까. 앞으로 무엇을 해야 할까.'

정약용은 그동안 놓친 공부를 점검하고 사색과 연구를 거듭해 대학자로서의 업적을 남기게 된다. 그렇게 우울증을 극복하고 감옥에서 나올 수 있었던 것은 딱 하나, 마음의 변화 덕분이었다. 유배 중 주위에 그를 챙겨 줄 가족도 없었다. 먹을 것도 제대로 없었다. 말 붙일 상대도 없었다. 할 수 있는 것이라고는 아무것도 없었다. 몸과 마음 모두 춥고 외로웠다. 정신적으로 미칠 법한 상황에서도 정약용은 삶에 대한 긍정적인 태도를 버리지 않았다. 이제 더이상 남에게 인정받기 위해 공부할 필요가 없었다. 지금이야말로 자신을 위해 공부할 때였다. 비록 몸은 떨어져 있지만 편지를 통해 자식들에게 부성을 전하는 것을 거르지 않았다. 자녀들을 생각해서라도 우울하게 지낼 수 없었다. 자신이 무너지면 아이들도 무너지고, 그러다 보면 집안이 무너질 게 뻔했다. 비록 지켜보는 눈은 없지만, 스스로 마음을 보듬어 가며 자신을 일으켜 세우는 공부를 했다. 믿었던 이들에게 배신을 당해 낭떠러지로 떨어졌지만, 자존감은 그 어느 때보다 높았다. 이렇게 공부란 특별한 게 아니다.

'가뜩이나 힘든데 애 엄마가 무슨 공부야.'라고 날이 선 비판을 받을 까닭이 없다. 힘들다면 더더욱 필요한 게 공부다. 아이러니하게도 삶이 편안한 자에게는 공부의 필요성이 덜 생기기 마련이다. 삶에 만족하기 때문에 뭔가에 대한 갈증이 생기지 않는다. 공부란 자신이 살아가야 할 의미를 발견하여 내면을 업그레이드하는 과정이기 때문이다. 삶의 공부란 얇은 종이같이 흔들리는 자신을 붙잡으려는 노력이다. 그러니 자신에게 주어진 삶이 좀 만만치 않게 느껴지는 자라면 공부가 필요하다. 공부를 제대로 하면 마음이 공허해지지 않는다. 어설프게 공부를 흉내 내니까 부작용이 생기는 것이다. 진짜 공부는 마음을 다잡아 준다.

조선 중기 유학자 율곡은 평범한 일상을 잘 살아가기 위한 것이 공부라고 말했다. 영혼을 살찌우고 자존감을 높여주는 게 공부다. 살짝 바람만 불면 위태위태한 자존감, 얄팍한 무게밖에 느껴지지 않는 가벼운 영혼이 아닌, 두껍고 흔들리지 않을 정도로 건강한 영혼으로 살게 해 주는 게 공부다.

인간은 그 자리에 정체되어 있지 않고, 계속해서 자신을 성장시키고 싶은 갈증을 느낀다. 엄마도 인간이다. 엄마는 누군가에게 의존해야 하는 아이를 성장시키는 주된 양육자이지만, 엄마 또한 성장할 수 있어야 한다. 아이를 낳기 전, 결혼을 하기 전의 불완전하고 미성숙한 단계에서 멈춰서는 안 된다.

누구나 꿈꾸는
자아실현,
그 수단은 공부

아기 엄마가 직장에 나갈 수 없는 가장 큰 이유는 육아와 일을 병행하기 어렵기 때문이다. 여자가 집을 나서려면 또 다른 여자가 그 자리를 메꿔 줘야 한다는 말이 있다. 누군가 내조를 해 주지 않으면 집안은 위태롭다. 가랑비에 감기 걸리고 나서야 사소한 일상에도 주의를 기울이듯, 가정주부의 부재로 혼란과 어려움을 겪고 나서야 알게 된다. 장기적으로 봤을 때 누군가 집을 지키는 것이 낫다는 것을. 그럼에도 여자가 결혼하고 아이를 낳고서도 일을 계속하는 이유는 경제적인 이유, 자아실현 등 다양하다.

집안일이란 해도 티가 안 나지만, 안하면 티가 너무 많이 난다. 직장으로 치면 야근과 주말 근무까지 하는 상황이지만 시간 외 수당은커녕 월급도 없다. 그런데도 집에서 편히 논다고 폄하하는 사람도 많다. 하지만 철학자 이반 일리치(Ivan Illich, 1926~2002)는 집안일이야말로 그림자 노동의 대표적 예라고 하였다. 그림자는 밝혀도 비명을 지르지 못한다. 눈에 잡히는 실체가 없다. 뭔가 노동을 투입했는데도 그에 따른 대가를 인정받지 못한다.

집안일로 얻는 보상은 이차적이며 정신적인 것이다. 나의 수고로 명예가 생기거나 경제 사정이 좋아지지 않는다. 다만 가족들이 내조를 받아 사회생활을 잘 영위하거나 건강하게 살아가니 기분이 좋다. 만약 나의 수고가 부족해서 집안이 엉망진창이 된다면 고스란히 나의 불행이 될 수 있다.

심리학자 매슬로우(Abraham H. Maslow, 1908~1970)는 인간이라면 누구나 가지는 욕구를 분석했다. 먼저 기본적으로 먹고 자고 싶어 하는 생리적 욕구가 있다. 인간을 고문하는 가장 쉬운 방법 중 하나는 생리적 욕구를 차단시키는 것이다. 굶기고 안 재우면, 그 고통에 못 이겨 권력에 복종하게 된다. 인간도 동물이기에 본능을 충실히 따르려는 욕구를 무시할 수 없다.

이게 충족되면 다음에는 심리적으로 안정감을 얻으려는 욕구를 가진다. 인간은 단지 배부르고 잠자는 욕구만을 가지지 않는다. 부모가 제아무리 자녀에게 삼시 세끼 밥을 잘 차려 주어도 부부가 자주 싸우면 아이들은 극도로 불안해진다. 보호받는 느낌은커녕 안전에 대한 위협마저 느낄 수 있다.

안전에 대한 욕구를 충족하고 나면 인간은 어딘가에 소속되기를 바라는 욕구를 가진다. 비정규직의 삶은 서글프다. 배가 아무리 불러도 어딘가에 정식으로 소속되지 못하는 상실감은 매우 고통스럽다. 가정 또는 직장, 울타리가 되어 줄 곳이 필요하다.

소속의 욕구 다음으로 인간은 존경의 욕구를 열망하게 된다. 백수 생활을 청산하고 직장에 들어갔다고 끝이 아니다. 직장에서 멸시, 모욕을 받는 사람은 매우 괴롭다. 반대로 상사와 동료에게 성격이 좋다거나 일을 잘한다고 칭찬을 받기라도 한다면, 그야말로 기분은 날아갈 것 같다. 단순히 월급만 받는 것에 그치지 않는다. 이왕 남의 돈 받는 거, 덤으로 인정까지 받아야 직성이 풀린다.

마지막으로 인간이 바라는 욕구는 자아실현의 욕구이다. 직장인 5년 차쯤 되면 소속의 욕구, 존경의 욕구에도 어느 정도 관성이 생긴다. 이쯤 되면 진짜 내가 바라는 게 무엇인지를 찾고 이에 대한 답을 얻고 싶어진다. 회사를 나갈 것인가. 아니면 남을 것인가. 이 모든 질문의 근원은 내가 여기서 지금 자아실현을 할 수 있느냐, 아니냐에 달려 있다. 자신의 잠재 능력을 실현하고자 하는 욕구는 인간이 바라는 최대의 욕구이자, 지극히 당연한 것이다.

매슬로우의 욕구 이론은 단계적이다. 1단계가 충족되어야지만 2단계로 넘어갈 수 있다. 그러나 현실은 꼭 그렇지마는 않다. 동시다발적으로 욕구가 움직일 때가 있다. 배불리 먹고 싶은 욕구와 함께 존경받고 싶은 욕구를 갖기도 한다. 또 어떤 인간에게는 이 단계의 순서가 다르게 작동될 수도 있다. 그러나 인간이 꿈꾸는 최상의 욕구는 바로 자아실현의 욕구라는 점은 변하지 않아 보인다.

결혼의 최대 장점은 소속감이 확실해진다는 것이다. 이제 아내이자 엄마로서 가정이라는 새 공간을 지키고 꾸려 가야 한다. 하지만 평생 충성해야 할 소속이 생겼어도 공허함과 우울함이 생기는 이유는 소속의 욕구가 끝이 아니기 때문이다. 인간이라면 누구나 자아실현의 욕구가 꿈틀대기 때문이다. 누구의 아내, 누구의 엄마로 불리는 것에 그치지 않고, 자기 이름 그대로 불리기를 꿈꾼다. 나는 이를 실현해 주는 수단이 공부라고 생각한다.

다시 시작하는 공부는
나를 위해 해야

자기 존재의 의미를 발견하는 공부는 어떤 것일까? 인생 공부의 달인 공자에게서 또다시 힌트를 얻을 수 있다. 공자는 공부의 즐거움을 인류 역사상 최초로 발견한 인물이다. 공자는 먹고살기 위한 공부가 아닌, 공부 그 자체의 즐거움을 이야기하였다. 공자는 남에게 인정받기 위해 공부하려거든 그만두라고 말한다. 자기 자신을 위해 공부하기에도 시간이 부족한데 남에게 인정받으려고 뼈 빠지게 공부하다니, 공자의 눈에는 매우 어리석은 짓으로 보였다. 공자에게 공부란 철저히 자기 자신을 위한 노력이자 과정이다. 그러니 남이 알아주지 않는다고, 당장 이익이 되지 않는다고 걱정하지 않는다. 공부가 부족하고 진실되지 않은 것만을 걱정한다.

아이 엄마가 공부에 관심을 두지 않는 이유는, 자기 자신을 위해 공부를 해 보지 않았기 때문이다. 학창 시절에는 좋은 성적을 얻기 위해 어쩔 수 없이 공부를 했다. 공부를 생각하면 머리가 아프기만 했다. 공부한답시고 얼마나 스트레스를 받았는가. 공부 말고도 재밌는 게 얼마나 많은데 말이다. 어른이 되어서 제일 좋은 것은 공부를 안 해도 되는 거라고 생각한다. 이처럼 누구나 공부 때문에 마음이 복잡하고, 불행한 적이 있다. 그런데도 세상에서 제일 두려운 것 중 하나가 내 아이가 공부를 싫어하는 것이다. 아이는 공부를 놀이처럼 즐기기를 바란다. 하지만 공부는 절대 놀이가 될 수 없다고 여기기 때문에 일찍부터 아이에게 각종 전략을 심어 둔다.

그러나 정확히 말하자면 공부가 우리를 괴롭힌 게 아니었다. 억지로 해야 하니까 힘들고 괴롭지 공부 자체는 힘들고 괴로운 게 아니다. 어른들은 '공부해서 남 주나.'라며 공부를 남과 경쟁해서 내 것을 챙기는 일이라고 알려 줬다. 그러나 애초에 공부는 남과 경쟁하기 위한 것이 아니었다. 남과의 경쟁이 사라진다면 아등바등 공부할 필요 없을 것이다. 다시 시작하는 공부는 진짜 공부, 철저히 나 자신을 위한 것이어야 한다. 동양의 전통 공부에서는 한결같이 이를 '위기지학爲己之學'이라고 말한다.

옛사람들이 살던 시대에도 사람들은 남의 시선을 의식해 공부를 하곤 했다. 남에게 과시하거나 남에게 멋있어 보이기 위해, 남을 현혹하기 위해 하는 게 공부였다. 남에게 보여 주기 위한 공부의 끝은 '자기 소멸'이다. '나'란 존재가 없어진다. 공부를 하면 할수록 내가 진심으로 좋아하는 게 무엇인지 생각하기를 거부하게 된다. 남이 좋아하는 공부, 남이 박수쳐 주는 공부에 공을 들일수록 '나'를 들여다보는 일이 희박해진다. 그러다 보면 결국 '나'는 사라진다. 진짜 공부란 공부를 통해 자존감을 상실한 마음을 치유하고, 자신의 비전을 만드는 것이다. 멀리 내다보는 지혜, 생각을 깊게 만들어 주는 지식이 진짜 공부다.

공부는 진짜 나를
만나게 해 주는 과정

직장인일 때 합숙 연수를 받은 적이 있었다. 낮에는 전문가들의 강연을 들을 수 있었다. 그 중 유독 생생하게 기억나는 내용이 있다. 한 초등학교에서 온 A 교감 선생님의 강연이었는데, 그분의 이야기는 신선했다. A 선생님은 자신의 인생이 무척 재미있다는 말로 강의를 시작했다.

"여러분, 인생이 재밌나요? 저는 하루하루가 굉장히 재밌어요. 제 이야기 좀 들어 보실래요?"

두 아이의 엄마이자 아내, 맏며느리의 역할을 하고, 야근 많은 직장 생활 속에서도 그 선생님은 생기를 잃지 않았다. A 선생님이 긍정적이었던 이유는 늦게 시작한 공부 덕분이었다. 젊었을 적부터 선생님은 텔레비전 드라마를 좋아했다. 드라마를 보면 대사를 다 외울 정도이다. 육아와 직장 생활을 병행하느라 웃을 일이 없었기에 퇴근 후 드라마를 보는 게 낙이었다.

그러다 어느 날 신문에서 '직장인을 위한 드라마 작가 되기' 광고를 보았다. 심장이 두근거렸다. 도저히 짬을 낼 수 없을 것 같았지만, 시간을 이리저리 쪼개 보니 약간의 시간을 낼 수 있었다. A 선생님은 다른 사람들 몰래 드라마 작가의 꿈을 갖기 시작했다. 봄에는 드라마 작가 수업을 다니고, 여름에는 글쓰기 수업을 다녔다. 비록 시간과 돈이 들어갔지만, 전혀 아깝다는 생각이 들지 않았다. 직장 다니면서 학원 다니는 게 쉽지 않았지만 포기하지 않았다. 식구들이 '엄마가 바람났나 봐'라며 뭐라고 해도 상관하지 않았다.

이후 삶이 조금씩 달라졌다. A 선생님은 틈나는 대로 글을 쓰기 시작했다. 메모지, 노트, 볼펜이면 충분했다. 신기하게도 자신의 지난 삶을 되돌아볼수록 글은 잘 써졌다. 직장 생활, 육아, 결혼 생활에서 풀어 낼 이야기가 무궁무진 많았다. 드라마 대본 작가의 꿈은 더욱 구체적으로 되었다. 이제는 드라마를 보는 것이 공부였다. 물론 자신이 드라마 대본 작가로 성공할 확률은 적다. 대학의 문예창작과 출신, 또는 작가가 되려는 문하생들을 떠올리면 입지가 불안하다. 자신보다 훨씬 기초가 탄탄하고 재능이 충분한 문하생들도 많다. 하지만 확률을 생각하고 공부한다면 애초에 시작조차 안 했을 것이다. 그러나 A 선생님은 공부한다는 것 자체만으로도 좋았다.

"여러분, 제가 어느 날 드라마 작가로 데뷔할지도 몰라요."

이 말처럼 A 선생님에게도 언젠가는 드라마 작가로 데뷔할 기회가 찾아올 것이다. 이어서 선생님은 남편 이야기도 들려주었다. 남편은 회사에서 해고된 후 집에서 쫓겨날 뻔 했다고 한다. 워낙 가부장적이어서 식구들이 모두 남편을 싫어했단다. 그런데 어느 날 남편이 대안학교 교사가 되겠다며 산골 오지로 들어갔다고 한다. 조금 하다 싫증 내고 그만두겠지 싶었는데, 이제야 적성에 맞는 일을 찾게 되었다며 행복해한다는 이야기였다.

남편은 다시 공부를 시작했다고 한다. 밤이 되면 시골에서 자연과 더불어 살아가는 법을 공부한다. 여기에 학생들에게 조금이라도 도움이 되려면 공부를 안 할 수가 없었다. A 선생님은 자신들 부부가 뒤늦게 공부하는 재미에 빠진 후 인생이 바뀌었다고 말해 주었다. 공부를 하다 보니 하고 싶은 게 무궁무진 많아졌다면서 죽기 전까지 다 공부할 수 있을까 걱정이라는 엄살도 잊지 않았다.

A 선생님은 성공을 목표로 삼지 않았다. 성공은 찾아오는 것이지 쫓는다고 오는 게 아님을 알고 있었다. 굳이 남과 비교하고 경쟁할 필요가 없었다. 한 번 사는 인생, 이제는 남을 의식하지 않고 오로지 자기 자신에게만 에너지를 쏟고 싶었을 뿐이다. 꿈이 있어 공부를 시작한 게 아니었다. 소소한 일상의 일부분을 '툭' 건드렸을 뿐이었다. 공부를 하다 보니 꿈이 생기고, 꿈이 생기다 보니 삶에 대한 열망이 강하게 일어났다.

원래 A 선생님은 콤플렉스가 많았다고 한다. 직장에서는 일과 사람에 치여 자존감이 떨어졌다. 육아와 살림을 잘하고 있다는 자신감도 없었다. 자신을 가꿀 여유도 없었다. 마음은 곪아 갔지만 이렇게 다들 사나 보다 싶었다. 그러나 드라마 대본 작가 수업을 받기 시작하면서 자신감이 생겼다. 일, 육아, 살림은 의지대로 술술 풀리는 법이 드물었지만, 공부는 순전히 자신의 의지에 달려 있었다. 육아는 정말이지 뜻대로 되지 않는다. 살림도 마찬가지다. 그러나 공부는 내가 통제할 수 있는 유일한 것 같다고 말했다. 내가 멈추면 멈추고, 계속 달리면 달리는 거였다. 다른 사람을 신경쓸 필요가 없으니 공부가 제일 쉬웠다는 말이 새삼 이제야 와 닿았다고 한다. 단지 공부를 시작한 것뿐인데 우울증, 소심함, 스트레스가 줄어들었다.

힘들었던 지난 시간들은 이제 A 선생님에게 글쓰기의 중요한 경험으로 작용할 것이다. A 선생님은 경험이 녹아든 글을 통해 자신뿐만 아니라 다른 이들도 위로해 주고 싶다고 했다. 처음에 드라마 작가 공부를 하겠다고 주위에 말했을 때 비난을 받기도 했단다. "그냥 다니던 직장이나 잘 다녀. 애들이 이제 한창 공부할 땐데 뒷바라지라도 더 하고." 만약 다른 사람들의 말을 듣고 공부를 시작하지 않았으면 어떤 모습이었을까?

A 선생님의 살아갈 이유는 자녀, 가족, 친구, 부모님이 아닌 오롯이 자기 자신에게 있었다. 뒤늦게 시작한 공부는 살아갈 의미를 찾도록 부추겼다. 공부는 내 안에 숨어 있던 진짜 나를 만나게 해주는 일일지도 모른다.

그녀는 어디를
보고 있는 것일까

아낙네의 뒷모습이 그려진 옛 그림이 있다. 그림의 제목은 '협
롱채춘狹籠採春'이다. 이는 삼 대째 화가 집안으로 유명한 윤용(尹愭,
1708~1740)이 그린 그림이다. '협롱'은 조그마한 나물 바구니를 말
한다. 그러니 제목은 '나물 바구니를 옆에 끼고 봄을 캐다'라는 뜻
이다.

어느 날 이 그림을 보고 나는 생각에 푹 빠졌다. '행색이 나랑 똑
같네.' 워킹맘이든 전업맘이든 생활에 고단한 엄마를 주인공으로
한 삶의 현장처럼 느껴졌다. 그림 속 아낙네는 여인의 아름다움은
내팽개쳐 버린 지 오래된 것 같다. 남자들이 신는 짚신 속 맨발이
그대로 보인다. 일하는데 거추장스러워 걷어 올린 바지, 호미를 든
손, 거기에 알통이 단단하게 느껴지는 종아리에서 왠지 모를 동병
상련이 느껴졌다. 상반신을 손으로 가려 놓았다면, 여자인지 남자
인지 구분할 수 없을 만큼 종아리 알이 굵다.

그런데 그녀는 나물을 캐다 말고 지금 어디를 보고 있는 것일까? 그러고 보니 제목이 의미심장하다. '봄을 캐다'는 말은 봄나물을 캔다는 말일 수도 있지만, 인생의 봄을 찾는다는 말이 아닐까? 갑자기 영화 '박하사탕'에서 설경구가 기찻길 위에서 미친 사람처럼 소리를 지르던 장면이 떠오른다.

'나 다시 처녀 적으로 돌아갈래! 그때로 돌아간다면 나를 위해 당당히, 열심히 살아갈 거야.'

그러나 지혜로운 아낙네는 다시 과거로 돌아갈 수 없음을 잘 알고 있다. 과거를 붙잡고, 그 속에 매여 있는 것만큼 불행한 것은 없다. 생활력 강한 그녀는, 자신을 불행 속에 가둬 놓을 생각이 없을 것이다. 그렇다면 이런 마음이 아닐까.

'언젠간 온전히 나로 있고 싶다! 아무개의 아내도, 아무개의 엄마도 아닌, 그냥 나.'

일하다 말고 그녀는 뭔가에 홀린 듯 저쪽을 쳐다보고 있다. 바구니에 봄나물을 담고 있지만, 정작 마음속으로는 인생의 봄날을 기원하고 있을지도 모른다. 그렇다면 여인은 어떤 표정으로 서 있는 것일까?

여인의 표정이 밝고 생기로 가득 차 있으리라 상상해 본다. 비록 일에 치여 몸은 고되지만, 봄날을 꿈꾸느라 눈빛만큼은 반짝이리라 생각해 본다. 인생의 봄날은 호미질에서 시작한다. 누군가 대신해 줄 수 없는, 힘들더라도 내 의지로 호미질을 시작할 때, 봄날을 담을 수 있는 것이다.

이 글을 쓰는 동안 엄마는 그간 그린 그림들을 엮어 본인의 그림과 인생을 소개한 에세이를 출간하셨다. 『봄·여름·가을·겨울 그리고 인생』(왕토끼하우스, 2017)이라는 제목의 그림책이다.

작년 봄이었나, 엄마는 꽤 열심히 무언가를 쓰고 계셨다. 뭐냐고 물어보니 부끄러워하시며 후다닥 방으로 가지고 가셨다. 그때 본인의 에세이를 작업하신 거였다.

사실 엄마는 낮 동안 쉬지 않고 설거지만 몇 시간씩 해야 하는 일을 하며 생활하셨다. 저녁에 집에 돌아오시면 종이와 볼펜을 꺼내 한 장 한 장 글을 쓰셨다고 한다. 이제는 출간 기념으로 그동안 묵혀 놓은 그림들을 전시할 계획이라고 하신다.

아빠의 이른 '명퇴' 이후 엄마는 옷 장사, 음식 장사, 식당·결혼식장·공사장 아르바이트, 온갖 잡일 등 안 해본 일이 없으시다. 관절염으로 고생하면서도 쉬지 않고 일하셨다. 고달픈 삶이었지만 엄마는 이진숙, 당신 이름 석 자에 대한 꿈을 놓아본 적이 없다. 돈이 없다고, 시간이 부족하다고, 꿈을 단념하는 것을 거부하셨던 엄마.

나 또한 엄마가 되고 나서야 엄마를 이해하게 되었다. 억척스런 엄마라고 해서 소녀시절 꿈을 실현하지 못할 이유가 없다는 것을 보여준 엄마. 그런 모습을 보고 자랐기에 나 또한 일상 속 일탈을 시도할 수 있었나 보다.